高等学校"十三五"实验实训规划教材

机械参数虚拟测试实验教程

杨小强　李焕良　李华兵　编著

北 京

冶金工业出版社

2016

内 容 提 要

本书系统地介绍了典型的虚拟仪器开发平台 LabVIEW 和 LabWindows/CVI 的基本概念、组织要素与程序开发方法等。根据 SCXI 虚拟仪器总线的特点，结合装备测试实验与系统集成特点，还分别介绍了基于 SCXI 模块化仪器的装备测试教学实验系统、智能传感器实验系统、工程装备发动机实验系统的软硬件构成、网络化装备测试实验系统等实验的设计方法与实际实验例程。

本书可作为高等工科院校机械工程类和近机类专业、测控技术与仪器专业本科或研究生虚拟仪器课程的实验教材以及教学参考用书，也可作为现场工程技术人员开发机械装备测控系统、故障检测与诊断系统的参考书。

图书在版编目（CIP）数据

机械参数虚拟测试实验教程/杨小强等编著．—北京：
冶金工业出版社，2016.5
高等学校"十三五"实验实训规划教材
ISBN 978-7-5024-7212-2

Ⅰ．①机…　Ⅱ．①杨…　Ⅲ．①机械工程—参数测试—实验—高等学校—教材　Ⅳ．①TH11-33

中国版本图书馆 CIP 数据核字（2016）第 071824 号

出 版 人　谭学余
地　　址　北京市东城区嵩祝院北巷 39 号　邮编　100009　电话　(010)64027926
网　　址　www.cnmip.com.cn　电子信箱　yjcbs@cnmip.com.cn
责任编辑　程志宏　徐银河　美术编辑　吕欣童　版式设计　彭子赫
责任校对　郑　娟　责任印制　牛晓波
ISBN 978-7-5024-7212-2
冶金工业出版社出版发行；各地新华书店经销；三河市双峰印刷装订有限公司印刷
2016 年 5 月第 1 版，2016 年 5 月第 1 次印刷
787mm×1092mm　1/16；12.5 印张；304 千字；192 页
28.00 元

冶金工业出版社　投稿电话　(010)64027932　投稿信箱　tougao@cnmip.com.cn
冶金工业出版社营销中心　电话　(010)64044283　传真　(010)64027893
冶金书店　地址　北京市东四西大街 46 号(100010)　电话　(010)65289081(兼传真)
冶金工业出版社天猫旗舰店　yjgycbs.tmall.com
（本书如有印装质量问题，本社营销中心负责退换）

前　言

　　实验教学是高等理工科教育的重要组成部分，是培养学生理论联系实际、提高学生实践动手能力以及创新能力的重要环节。机械控制工程基础、机械制造基础、液压与液力传动、机械工程测试技术、传感器原理与应用、嵌入式技术等是机械装备类专业重要的专业基础必修课，这些课程主要按照"宽口径、重基础、强能力、高素质"的指导思想而设置的，介于学科基础课和专业方向课之间，课程的教学质量直接影响学生对专业理论基础的理解和工程实践的能力。

　　近年来，随着计算机技术、虚拟现实技术和虚拟仪器技术的发展，智能测试技术、虚拟测试技术和嵌入式设备开发技术的应用越来越广泛，也对机械专业的课程教学实验提出了更高的挑战。特别是以美国国家仪器公司为代表的虚拟仪器制造厂商，开发出了 LabVIEW、LabWindow/CVI 和 Measurement Studio 等多种类型的虚拟仪器实验平台，研制的虚拟仪器类产品广泛应用在电子、电气、计算机、机械、生物和物理化学等工程领域的测试、测量与自动化中，对当前的机械类专业教学实验体系产生了巨大的冲击。

　　教学改革的根本目的就是有利于人才的培养，特别是具有创新意识高素质人才的培养。基于计算机技术、虚拟仪器技术的测试、测量和自动化平台的应用，从本质上改变了传统的实验教学体系与实施手段，提高了学生实验过程的参与水平，增加了学生的动手机会，增强了实验本身的吸引力，有助于促进学生的实验积极性和主动性，促使学生的个性发展和创新兴趣。因此，从改革实验教学的目的出发，作者编写了本书用于教学中。

　　本书介绍了虚拟仪器技术和 LabVIEW 的编程环境。由于学生在接触这门课前所理解的测试仪器概念多为硬件，所以建立"软件即仪器"的虚拟仪器概念较为困难。虚拟仪器中所使用的图形化编程技术也与传统的语言编程差别较大，实现自主编制基本信号采集分析程序、设计虚拟仪器测试系统对学生来说也较为困难，因而书中采用循序渐进的方法。首先遵循指导书给出的编程步骤，创建简单的测试系统，熟悉 LabVIEW 的图形化编程环境和基本编程技术，以建立"虚拟仪器"的概念，然后通过完成独立上机练习题，检验和巩固LabVIEW编程技术。其后逐次增加虚拟仪器的高级编程技术练习，并独立设计复杂的测试系统，激发学生的学习兴趣。最后进行复杂虚拟仪器系统与测试系统的集成实验，使学生从宏观和微观多角度掌握虚拟仪器实验系统的构成与集成方法，提高学生的综合应用能力和创新能力。本书既可以作为机械类本科学生学习机械工程专业测试技术系列课程的实验课教材，也可供其他工科类专业测试课程的教学参考以及有关教师、研究生、现场工程技术和科研人员阅读参考。为方便读者学习，本书提供配套课件及软件包，内容包括所有实例的源程序、第三方硬件虚拟仪器驱动软件和其他的软/硬件资源等。

参与本书编写的还有李沛、李剑斌和刘忠凯，他们完成了书中大部分实例程序的开发，作者在此表示感谢！

由于作者水平所限，书中不妥之处，恳请读者及专家批评指正（作者联系邮箱：yanglab@126.com）。

本书获得中国人民解放军理工大学出版基金资助。

作 者

2016 年 1 月

目　录

第1章 绪 论

本章提要：介绍测试仪器技术及虚拟仪器技术的发展概况，学习虚拟仪器的概念与特点，包括虚拟仪器的基本概念、虚拟仪器的层次结构、虚拟仪器的应用程序开发和 I/O 接口仪器驱动程序的开发、虚拟仪器的硬件体系和数据通信原理等。

1.1 测试仪器技术的发展概况

仪器是人类认识世界的基本工具，也是信息社会人们获取信息的主要手段之一。而电子测量仪器发展至今天，经历了指针式仪表、模拟器件仪器、数字器件仪器、智能仪器、个人仪器、虚拟仪器等发展阶段。其间，微电子学和电子计算机技术对仪器技术的发展起到了巨大的推动作用。

20 世纪 70 年代以来，随着微处理器和电子计算机技术的发展，使得微处理器或微机被越来越多地嵌入到测量仪器中，构成了所谓的智能仪器或灵巧仪器（Smart Instruments）。智能仪器实际上就是一台专用的微处理器系统，一般包含有微处理器电路（CPU、RAM、ROM 等）、模拟量输入输出通道（A/D、D/A、传感器等）、键盘显示接口、标准通信接口（GPIB 或 RS－232）等。智能仪器使用键盘代替传统仪器面板上的旋钮或开关对仪器实施操控，这就使得仪器面板布置与仪器内部功能部件的分布之间不再互相限制和牵连；利用内置微处理器强大的数字运算和数据处理能力，智能仪器能够提供自动量程转换、自动调零、触发电平自动调整、自动校准和自诊断等"智能化"功能；智能仪器一般都带有 GPIB（General Purpose Interface Bus）或 RS－232 接口，具备可程控功能，可以很方便地与其他仪器实现互联，组成复杂的自动测试系统。

随着智能仪器和个人计算机的大量应用，在工程技术人员的工作台上常常会出现多台带有微机的仪器与 PC 机同时使用。一个系统中拥有多台微机、多套存储器、显示器和键盘，但又不能相互补充或替代，造成了资源的极大浪费。1982 年，美国西北仪器系统公司推出了第一台个人仪器（Personal Instrument）。个人仪器也称为 PC 仪器（PC Instrument）或卡式仪器。在个人仪器或个人仪器系统中，通用的个人计算机代替了各台智能仪器中的微机及其键盘、显示器等人机接口，由置于个人计算机扩展槽或专门的仪器扩展箱中的插卡或模块来实现仪器功能，这些仪器插卡或模块通过 PC 总线直接与计算机相连。个人仪器充分利用了 PC 机的软件和硬件资源，相对于传统仪器大幅度地降低了系统成本、缩短了研制周期。因此，个人仪器的发展十分迅速。

个人仪器最简单的构成形式是将仪器卡直接插入 PC 机的总线扩展槽内，这种构成方式结构简单、成本很低；但缺点是 PC 机扩展槽数目有限，机内干扰比较严重，电源功率和散热指标也难以满足重载仪器的要求。此外，PC 总线也不是专门为仪器系统设计的，无法实现仪器间的直接通信以及触发、同步、模拟信号传输等仪器专用功能。因此，这种卡式个人仪器性能不是很高。

为了克服卡式仪器的缺点，美国 HP（Hewlett Packard）公司于 1986 年推出了 6000 系列模块式 PC 仪器系统，该系统采用了外置于 PC 机的独立仪器机箱和独立的电源系统；专门设计了仪器总线 PC–IB；提供了 8 种常用的个人仪器组件，即数字万用表、函数发生器、通用计数器、数字示波器、数字 I/O、继电器式多路转换器、双 D/A 转换器和继电器驱动器，每种组件都封装在一个塑料机壳内，并具有 PC–IB 总线接口。在将一块专用接口卡插入 PC 机扩展槽后，PC 机与外部仪器组件就可以通过 PC–IB 总线实现连接。随后，Tektronix 公司及其他一些公司也相继推出了各自的高级个人仪器系统。

个人仪器系统以其突出的优点显示了强大的生命力。然而，由于各厂家在生产个人仪器时没有采用统一的总线标准，不同厂商的机箱、模块等产品之间兼容性很差，在很大程度上影响了个人仪器的进一步发展。1987 年 7 月，Colorado Data Systems、HP、Racal Dana、Tektronix 和 Wavetek 五家公司成立的一个专门委员会颁布了用于通用模块化仪器结构的标准总线——VXI（VMEbus Extensions for Instrumentation）总线的技术规范。VXI 总线是在 VME 计算机总线的基础上，扩展了适合仪器应用的一些规范而形成的。VXI 总线是一个公开的标准，其宗旨是为模块化电子仪器提供一个开放的平台，使所有厂商的产品均可在同一个主机箱内运行。自诞生之日起，VXI 总线仪器就以其优越的测试速度、可靠性、抗干扰能力和人机交互性能等，吸引了各仪器厂商的目光，VXI 总线自动测试系统被迅速推广应用于国防、航空航天、气象、工业产品测试等领域，到 1994 年，生产 VXI 产品的厂商已有 90 多家，产品种类超过 1000 种，安装的系统总数超过 10000 套。

在个人仪器发展的过程中，计算机软件在仪器控制、数据分析与处理、结果显示等方面所起的重要作用也越来越深刻地为人们所认识。1986 年，美国国家仪器公司（National Instrument，NI）提出了虚拟仪器（Virtual Instrumentation）的概念。这一概念的核心是以计算机作为仪器的硬件支撑，充分利用计算机的数据运算、存储、回放、调用、显示及文件管理等功能，把传统仪器的专业功能软件化，使之更加紧密地与计算机融为一体，构成一种从外观到功能都与传统仪器相似，但在实现时却主要依赖计算机软硬件资源的全新仪器系统。

到 20 世纪 90 年代，PC 机的发展更加迅速，面向对象和可视化编程技术在软件领域为更多易于使用、功能强大的软件开发提供了可能性，图形化操作系统 Windows 成为 PC 机的通用配置。虚拟现实、虚拟制造等概念纷纷出现，技术发达国家更是在这一虚拟技术领域的研究上投入了巨资，希望有朝一日能在它的带动下率先进入信息时代。在这种背景下，虚拟仪器的概念在世界范围内得到广泛的认同和应用。美国 NI 公司、HP 公司、Tektronix 公司、Racal 公司等相继推出了基于 GPIB 总线、PC–DAQ（Data Acquisition）和 VXI 总线等多种虚拟仪器系统。

在虚拟仪器得到人们认同的同时，虚拟仪器的相关技术规范也在不断地完善。1993 年 9 月，为了使 VXI 总线更易于使用，保证 VXI 总线产品在系统级的互换性，GenRad、NI、Racal Instruments、Tektronix 和 Wavetek 等公司发起成立了 VXI 即插即用（VXlplug & play，VPP）系统联盟，并发布了 VPP 技术规范。作为对 VXI 总线规范的补充和发展，VPP 规范定义了标准的系统软件结构框架，对 VXI 总线系统的操作系统、编程语言、仪器驱动器、高级应用软件工具、虚拟仪器软件体系结构（VISA）、产品实现和技术支持等方面做了详细的规定，从而真正实现了 VXI 总线系统的开放性、兼容性和互换性，进一步缩短了 VXI 系统的集成时间，降低了系统成本。VXI 总线系统也因此成为虚拟仪器系统的理想硬件平台，完整的虚拟仪器技术体系已经建立起来。

为了进一步方便虚拟仪器用户对系统的使用和维护，解决测试软件的可重用和仪器的互换性问题，1997 年春季，NI 公司又提出了一种先进的可交换仪器驱动器模型——IVI（Interchangeable Virtual Intrument，可互换式虚拟仪器）。1997 年夏天，IVI 基金会成立并发布了一系列 IVI 技术规范。在 VPP 规范的基础上，IVI 规范建立了一种可互换的、高性能的、更易于维护的仪器驱动器，支持仿真功能、状态缓冲、状态检查、互换性检查和越界检查等高级功能。允许测试工程师在系统中更换同类仪器时，无需改写测试软件，也允许开发人员在系统研制阶段或价值昂贵的仪器没有到位时，利用仿真功能开发仪器测试代码，这无疑将有利于节省系统开发、维护的时间和费用，增加了用户在组建虚拟仪器系统时硬件选择的灵活性。目前，IVI 技术规范仍在不断完善之中。

在虚拟仪器技术发展的初期，虚拟仪器系统主要采取三种结构形式：基于 GPIB 总线、PC – DAQ 或 VXI 总线，但这三种系统却都有各自的不足之处，GPIB 实质上是通过计算机对传统仪器功能的扩展和延伸，数据传输速度较低；PC – DAQ 直接利用了 ISA 总线或串行总线，没有定义仪器系统所需的总线；VXI 系统是基于工业控制的 VME 计算机总线而建立的，价格昂贵，适用于大型或复杂仪器系统，其应用范围集中在航空、航天、国防等领域。为适应虚拟仪器用户日益多样化的需求，1997 年 9 月，NI 公司推出了一种全新的开放式、模块化仪器总线规范——PXI（PCI eXtensions for Instrument），直接将 PC 机中流行的高速 PCI（Peripheral Component Interconnect）总线技术、Microsoft Windows 操作系统和 CompactPCI（坚固 PCI）规范定义的机械标准巧妙地结合在一起，形成了一种性价比极高的虚拟仪器系统。CompactPCI 是将 PCI 电气规范与耐用的欧洲卡机械封装及高性能连接器相结合的产物，这种结合使得 CompactPCI 系统可以拥有多达 7 个外设插槽。在享有 CompactPCI 的这些优点的同时，为了满足仪器应用对一些高性能的需求，PXI 规范还提供了触发总线、局部总线、系统时钟等资源，并且做到了 PXI 产品与 CompactPCI 产品可以双向互换。目前，PXI 模块仪器系统以其卓越的性能和极低的价格，吸引了越来越多的虚拟仪器界工程技术人员的关注。

从 20 世纪 80 年代 NI 公司提出虚拟仪器的概念至今已有三十余年时间，虚拟仪器产品已占有了世界仪器仪表市场 10% 左右的份额。从事仪器仪表研究和研制的科学家和工程师们清楚地认识到虚拟仪器是 21 世纪仪器发展的方向，必将逐步取代传统的硬件化电子仪器，使成千上万种传统仪器都融入计算机体系中。届时电子仪器在广义上已不是一个独立的分支，而是已演变成为信息技术的本体。

1.2 虚拟仪器的概念和特点

1.2.1 虚拟仪器的基本概念

虚拟仪器是指以通用计算机作为系统控制器、由软件来实现人机交互和大部分仪器功能的一种计算机仪器系统。虚拟仪器概念是对传统仪器概念的重大突破，它的出现使测量仪器与个人计算机的界限模糊了。

与传统仪器不同，虚拟仪器是由通用计算机和一些功能化硬件模块组成的仪器系统。在这种仪器系统中，不仅仪器的操控和测量结果的显示是借助于计算机显示器以虚拟面板的形式来实现，而且数据的传送、分析、处理、存储都是由计算机软件来完成的，这就大大突破了传统仪器仪表在这些方面的限制，方便了用户对仪器的使用、维护、扩展和升级等。

虚拟仪器一词中"虚拟"有以下两方面的含义：

（1）虚拟仪器面板。在使用传统仪器时，操作人员是通过操纵仪器物理面板上安装的各种开关（通断开关、波段开关、琴键开关等）、按键、旋钮等来实现仪器电源的通断、通道选择、量程、放大倍数等参数的设置，并通过面板上安装的发光二极管、数码管、液晶或 CRT（阴极射线管）等来辨识仪器状态和测量结果。而在虚拟仪器中，计算机显示器是唯一的交互界面，物理的开关、按键、旋钮以及数码管等显示器件均由与实物外观很相似的图形控件来代替，操作人员通过鼠标、触屏或键盘来操纵软件界面中这些控件来完成仪器的操控。

（2）由软件编程来实现仪器功能。在虚拟仪器系统中，仪器功能是由软件编程来实现的。测量所需的各种激励信号可由软件产生的数字采样序列控制 D/A 转换器来产生；系统硬件模块不能实现的一些数据处理功能，如 FFT 分析、小波分析、数字滤波、回归分析、统计分析等，也可由软件编程来实现；通过不同软件模块的组合，还可以实现多种自动测试功能。

1.2.2 虚拟仪器的结构

一个典型的数据采集控制系统由传感器、信号调理电路、数据采集卡（板）、计算机、控制执行设备五部分组成。一个好的数据采集产品不仅应具备良好性能和高可靠性，还应提供高性能的驱动程序和简单易用的高级语言接口，使用户能快速建立可靠的应用系统。近年来，由于多层电路板、可编程仪器放大器、即插即用、系统定时控制器、多数据采集板实时系统集成总线、高速数据采集的双缓冲区以及实现数据高速传送的中断、DMA（直接存储器存取）等技术的应用，使得最新的数据采集卡能保证仪器级的高准确度与可靠性。

软件是虚拟仪器测控方案的关键。虚拟仪器的软件系统主要分为四层结构：系统管理层、测控程序层、仪器驱动层和 I/O 接口层。

I/O 接口驱动程序完成特定外部硬件设备的扩展、驱动和通信。DAQ（数据采集卡）硬件是离不开相应软件的，大多数的 DAQ 应用都需要驱动软件。驱动软件直接控制 DAQ 硬件的登录、操作管理和集成系统资源，如处理器中断、DMA 和存储器等的软件层管理。驱动软件隐含了低级、复杂的硬件编程细节，而提供给用户的是容易理解的界面。控制 DAQ 硬件的驱动软件按功能可分为模拟 I/O、数字 I/O 和定时 I/O。驱动软件有如下的基本功能：

（1）以特定的采样频率获取数据。

（2）在处理器运算的同时提取数据。

（3）使用编程的 I/O、中断和 DMA 传送数据。

（4）在磁盘上存取数据流。

（5）同时执行几种功能。

（6）集成一个以上的 DAQ 卡。

（7）同信号调理器结合在一起。

虚拟仪器硬件系统包括 GPIB（IEEE488.2）、VXI、插入式数据、图像采集板、串行通信与网络等几类 I/O 接口。虚拟仪器测试系统构成方案如图 1-1 所示。

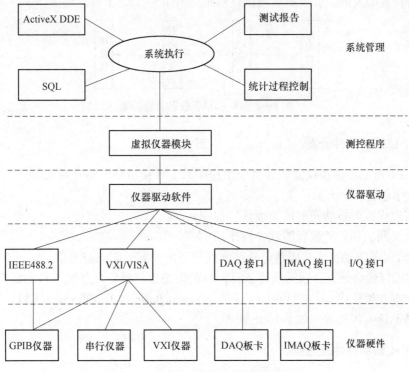

图 1-1 虚拟仪器测试系统的构成方案

GPIB（General Purpose Interface Bus）是目前使用最为广泛的仪器接口，IEEE 488.2 标准使基于 GPIB 的计算机测试系统进入了一个新的发展阶段。GPIB 总线的出现，提高了仪器设备的性能指标。利用计算机对带有 GPIB 接口的仪器实现操作和控制，可实现系统的自动校准、自诊断等要求，从而提高了测量精度，便于将多台带有 GPIB 接口的仪器组合起来，形成较大的自动测试系统，高效地完成各种不同的测试任务，而且组建和拆散灵活，使用方便。

VXI 总线是 VME 总线在测量仪器领域中的扩展。它能够充分利用最新的计算机技术来降低测试费用，增加数据吞吐量和缩短开发周期。VXI 系统的组建和使用越来越方便，其应用面也越来越广，尤其是在组建大、中规模自动测量系统以及对精度、可靠性要求较高的场合，有着其他仪器系统无法比拟的优势。

PCI（Peripheral Component Interconnect Special Interest Group，PCISIG 简称 PCI），即外部设备互连。PCI 总线是一种即插即用（PnP，Plug - and - Play）的总线标准，支持全面的自动配置，PCI 总线支持 8 位、16 位、32 位、64 位数据宽度，采用地址/数据总线复用方式。其主要特点包括：突发传输、多总线主控方式、同步总线操作、自动配置功能、编码总线命令、总线错误监视、不受处理器限制、适合多种机型、兼容性强、高性能价格比、预留了发展空间等。PC‐DAQ 测试系统是以数据采集卡、信号调理电路及计算机为硬件平台组成的测试系统,如图1‐2所示。这种方式借助于插入 PC 中的数据采集卡和专用的软件,完成具体的数据采集和处理任务。由于系统组建方便,数据采集效率高,成本低廉,因而得到广泛的应用。

串行总线,如 RS‐232 总线是最早采用的通用串行总线,最初用于数据通信上,但随着工业测控行业的发展,许多测量测试仪器也带有 RS‐232 串行总线接口了。

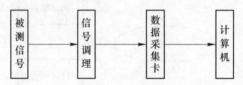

图1‐2 PC‐DAQ 数据采集系统

1.2.3 虚拟仪器的软件开发

如图1‐1所示,虚拟仪器软件由应用程序和 I/O 接口仪器驱动两大部分构成。

应用程序包含两个方面:

(1)实现虚拟面板功能的前面板软件程序;

(2)定义测试功能的流程图软件程序。

I/O 接口仪器驱动程序完成特定外部硬件设备的扩展、驱动与通信。

开发虚拟仪器必须有合适的软件工具,目前的虚拟仪器软件开发工具主要有两类:

(1)文本式编程语言,如 Visual C++、Visual Basic 和 LabWindows/CVI;

(2)图形化编程语言,如 LabVIEW 等。

1.2.4 虚拟仪器的硬件及通信

1.2.4.1 数据采集概念

数据采集简称 DAQ,是实现测量工业现场或其他现实世界信号,如电压、电流、温度、压力、流量、转速等信号,并把这些信号发送到计算机用于处理、分析、储存或其他数据操作的简单过程。图1‐3显示了某 DAQ 系统部件。物理现象或对象参数代表了工业现场需要测量的信号。使用传感器(sensor 或 transducer)感应对象参数并按比例产生电信号。例如,热电偶就是一种传感器,它将温度信号转换成可用 A/D 转换器测量的电压信

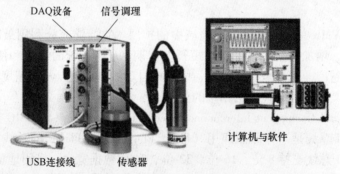

图1‐3 DAQ 系统

号。其他传感器包括应变、压力传感器和流量计，分别用于测量材料由于应力、压力和流量引起的偏移量。在每种情况下，由传感器产生的电信号与所监测的物理现象直接相关。

LabVIEW 或 LabWindows/CVI 等虚拟仪器软件能够控制 DAQ 设备，如图 1-4 所示的数据采集卡或调理卡等，虚拟仪器软件可以通过控制这些板卡，读取模拟输入信号（A/D 转换）、产生模拟输出信号（D/A 转换）、读写数字信号，并操作板卡自带的计数器用于测量频率、产生脉冲信号、测量正交编码器等，与变换器进行信息交换。在模拟输入的情况下，从传感器来的电压值传送到计算机的插卡式 DAQ 设备中，该设备再将数据传送到计算机存储器进行存储、处理或执行其他操作。

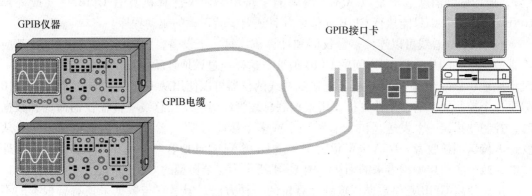

图 1-4　包含一个或多个 GPIB 仪器和一个 GPIB 控制器板的典型 GPIB 系统

信号调理模块用于"调理"由变换器产生的电信号，使其成为 DAQ 设备能够接受的形式。例如，如果要隔离一个高达 120V 的高电压输入，以避免烧坏电路板和计算机。信号调理模块能够应用于各种不同类型的调理，如放大、线性化、滤波、隔离等。虽然不是所有的应用系统都需要信号调理，但多数系统是需要的，并且应注意技术规格，以避免对系统造成潜在的危害。另外，信息丢失所造成的后果可能比设备损失更严重，噪声、非线性、过载、混叠现象等会严重地破坏数据，虚拟仪器的软件也无法补救。信号调理通常不是任意选择的，一般在测试系统开始构建以前应检查并配置。

在实验室中要使用虚拟仪器采集数据，需要一个 DAQ 设备，一台安装 LabVIEW、LabWindows/CVI 和 Measurement Studio 等任何一种虚拟仪器开发平台以及相应驱动软件的计算机，并通过一些方法将传感器信号连接到 DAQ 设备，如连接器端子、电路实验板、电缆或导线。根据测试系统的要求，还需要相关的信号调理装置。

例如，如果要测量温度，一般需要根据相应的温度传感器类型，选配信号调理装置，通过信号调理装置将温度传感器连接到计算机中 DAQ 设备的模拟输入通道。然后在虚拟仪器软件中，使用 VI 或其他的功能函数读取数据采集卡的模拟输入通道数据，在屏幕上显示温度，将其记录到数据文件，并根据需要分析数据。

需要说明的是，LabVIEW、LabWindows/CVI 和 MeasurementStudio 等 NI 公司的虚拟仪器软件，一般只能直接控制和操作 NI 公司的 DAQ 设备。其他公司的数据采集设备，需要从该公司获取驱动程序，如果未提供驱动程序，则用户只能自己编写其驱动程序。在 LabVIEW 中使用接口节点或动态链接库调用，在 LabWindows/CVI 或 Measurement 等软件中，则是通过加载 DLL 调用相应的接口函数实现的。

1.2.4.2 GPIB 总线及应用

HP 公司于 20 世纪 60 年代后期开发了通用功能接口总线 GPIB, 用于计算机与智能仪器之间的通信。计算机总线是计算机和仪器之间传输数据的手段, GPIB 则提供了一个非常必要的规则和协议来管理这种通信。电气和电子工程师协会 (IEEE) 在 1975 年对 GPIB 进行了标准化, 成为著名的 IEEE 488 标准 (GPIB = IEEE 488)。GPIB 原来的目的是提供针对测试和测量仪器之间的计算机控制, 然而, 其应用被扩展到其他领域, 如计算机到计算机的通信以及对万用表、扫描仪和示波器的控制, 已超出了其原本的应用范围。

GPIB 是并行总线, 可以用于多个仪器通信。GPIB 以字节为单位传输数据 (1 字节 = 8 位), 所传输的消息常常是以 ASCII 编码的字符串。如果计算机具有 GPIB 板 (或外部 GPIB 接口盒), 则只能执行 GPIB 通信, 并且还要安装正确的驱动程序。

一个 GPIB 总线可以连接多台仪器和计算机。每一个设备, 包括计算机接口板, 都应该有一个唯一的从 0 到 30 之间的 GPIB 地址, 这样通过该地址就能指定数据源和目标。一般将地址 0 分配给 GPIB 接口板。连接到总线的仪器可以使用从 1 到 30 之间的地址。GPIB 需要一个控制器, 通常是计算机, 用来控制总线管理功能。在总线上传输仪器命令和数据时, 控制器指定一个发送 (讲) 者和一个或多个接收 (听) 者。然后数据串通过总线从发送者传送到接收者。LabVIEW 语言中, 由 GPIB VI 自动地管理寻址和其他多数总线管理功能, 减少了底层编程带来的困扰。图 1 - 4 所示为一个典型的 GPIB 系统。

虽然使用 GPIB 是将数据传输到计算机的一种方法, 但是它与数据采集有着根本的不同, 尽管两者都是插入计算机中使用的电路板。当数据采集包括直接连接信号的计算机 DAQ 设备时, 使用特定的协议, GPIB 能够与另一个计算机或仪器通信, 传输设备采集到的数据。

将 GPIB 作为虚拟仪器系统的一部分使用时, 需要 GPIB 接口板或外部接口盒、GPIB 电缆、虚拟仪器开发平台 LabVIEW 或 LabWindows/CVI 以及计算机及与之通信的 IEEE 488 兼容仪器 (或另一个包含 GPIB 板的计算机)。按照虚拟仪器开发语言或接口板的使用说明, 还需要在计算机上安装 GPIB 驱动软件。

一般来说, NI 公司的虚拟仪器开发平台, 如 LabVIEW、LabWindows/CVI 等, 只能与 NI 公司的 GPIB 接口板通信, 不能与其他生产商的接口板通信。如果使用的是其他商家的接口板, 则需要从商家获得驱动软件 (如果有的话) 或自己编写驱动代码并集成虚拟仪器开发语言, 如 LabVIEW。对于像 DAQ 类的驱动, 编写驱动程序不是件很容易的事。

1.2.4.3 使用串行通信

串行通信是计算机与外围设备之间通信的另一种常用的数据传输方法, 如可编程仪器 (或另外的计算机)。

虚拟仪器开发软件, 如 LabVIEW 等, 都能够执行串行通信 (RS - 232, RS - 422 或 RS - 485 标准), 并使用计算机内置的或外部连接的串行口 (如 USB 串行口适配器)。串行通信通过一条通信线路每次从发送端传输 1 比特数据到接收端, 当数据传输率低或需要远距离传输时可以使用这种方法。过时的串行通信协议 RS - 232 与 GPIB 相比速度慢且不可靠, 但实现起来却不需要在计算机中安装接口板, 仪器也不需要执行 IEEE 488 标准, 所以很多设备仍然采用 RS - 232。

图 1 - 5 所示为一个典型的串行通信系统。

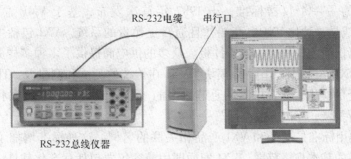

图 1 - 5 典型的 RS - 232 串行口仪器系统

由于大多数的 PC 都有一个或两个内置的 RS - 232 串行口，所以串行通信是很容易做到的，一般不需购买任何特殊的硬件就能实现传送或接收数据。一些较新的计算机没有内置的串行口，但是可以很容易地购买一个 USB 到 RS - 232 的串行口转换器，其价格仅相当于一个 USB 鼠标的价格。虽然现在大部分的计算机都有内置的 USB 接口（通用串行总线），但是 USB 只是一个更加复杂的原本用于计算机外设的协议，而不是用于科学仪器通信的。尽管串行通信（RS - 232，RS - 422，RS - 485）相对 USB 来说已经过时，但是仍然广泛应用于许多工业设备中。

很多 GPIB 仪器也有内置的串行口。然而，与 GPIB 不同的是，一个 RS - 232 串行口只能与一个设备通信，这限制了很多方面的应用。尽管串行通信非常慢，并且没有内置的错误检查功能。然而，串行通信所具有的经济和方便的优点还是保证了其生命力的，几乎所有的虚拟仪器软件都提供了串行函数库，以方便对串行口的操作。

1.2.4.4 PXI 和 VXI 简介

虚拟仪器中还有两个重要的硬件平台 PXI 和 VXI，其中前者几乎代表了虚拟仪器硬件发展的方向。

PXI，是 CompactPCI eXtension for Instumentation（CompactPCI 总线在仪器领域的扩展）的缩写记号，定义了一个基于英特尔 X86 处理器（PC 体系结构）和 Compact-PCI 总线（PCI 总线的一个版本）的模块化硬件平台。典型的配置包含一个 PXI 机箱（见图 1 - 6），它拥有自己的运行 Microsoft Windows 系统的 PC（亦称为控制器），可以插入所有类型的测量模块，包括模拟输入、成像、运动控制、语音、继电器、GPIB 和 VXI 接口等。系统紧凑、耐用，并且可以扩

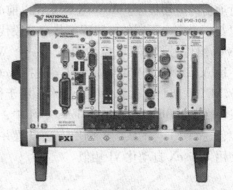

图 1 - 6 安装有控制器及各种 I/O 卡的 PXI 机箱

展，对于很多应用系统来说是很有吸引力的平台。除了标准 PXI 配置的，运行 Microsoft Windows 的控制器之外，也可以在控制器上。使用 LabVIEW 的实时版（LabVIEW RT）。使其成为更加强大的系统，甚至还可以运行 Linux 系统（支持 NI 硬件的 Linux 系统稳定性已经得到改进）。

VXI 是 VME eXtensions for Instrumentation（VME 总线在仪器领域的扩展）的缩写，是

板上仪器系统的另一个仪器标准，于 1987 年首次发布，基于 VME 总线标准（IEEE 1014）。VXI 总线是一种比 PXI 更高端并且通常更昂贵的系统。VXI 包括主机箱，主机箱拥有多个插槽可以插入模块化仪器插件板。众多的供应商提供了多种多样的仪器和主机尺寸，也可以在 VXI 系统中使用 VME 模块。VXI 在传统的测试和测量及 ATE（自动测试设备）中有着广泛的应用。在要求测量通道数多的（数百或数千个）研究和工业控制应用数据采集和分析领域，VXI 也很流行。

VXI 即插即用标准是一个和 VXI 产品相关联的名词，这种标准增加了新的标准化特性，超越了产品的基本规格范围。VXI 即插即用兼容仪器包括标准化软件，提供软件前面板、仪器驱动程序和安装程序，以便充分利用仪器功能并使编程任务尽量简单。Lab-VIEW、LabWindows/CVI 和 Measurement Studio 等虚拟仪器开发平台中的 VXI 软件模块与 VXI 即插即用标准兼容。

1.2.4.5　连通性

在一些应用中，可能需要本地或通过局域网与其他程序共享数据。在很多情况下。可能需要通过互联网共享数据，或允许别人通过 Web 查看或控制自己的系统。

LabVIEW 等虚拟仪器软件用一些内置功能（如 Web 服务器、Web 发布工具、电子邮件 VI 和网络变量）和函数来简化这些过程。这些 VI 用于通过网络或其他互联网进行通信。LabVIEW 可以使用 NI Publish and Subscribe Protocol（NI – PSP）通过网络共享数据、调用和创建动态链接库（DLL）或外部代码，并支持 ActiveX 自动化和 .NET 组件。使用另外附加的模块和工具包，LabVIEW 等虚拟仪器开发语言能够与大多数的 SQL（结构化查询语言）数据库通信，如 MySQL、PostgreSQL、Oracle、SQL Server 和 Access，还可以在 LabVIEW 工程中定义网络变量，并很容易地通过整个分布式测量系统实现共享。

1.2.4.6　ActiveX 和 .NET

ActiveX 是微软的一项技术，定义了一个基于组件的结构，用于建立能够与应用程序进行通信的应用程序。ActiveX 建立在以前的技术，如 OLE 之上。使用 ActiveX，应用软件可以与一个完全不同的应用程序共享一段代码（组件）。例如，由于 Microsoft Word 是一个 ActiveX 组件，所以可以控制和嵌入一个 Word 文档到 ActiveX 应用程序中，如 LabVIEW VI、LabVIEW、LabWindows/CVI 等支持 ActiveX 自动化并包含 ActiveX 组件。

.NET 框架是微软另一项新技术，用于简化设计互联网高级分布式环境下的应用程序开发。在 LabVlEW 或 LabWindows/CVI 中，可以容易地使用这一新技术作为 .NET 客户端。可以创建 .NET 类的实例，调用方法设置并获得其属性。这样，在 LabVIEW 中使用 .NET 与使用 ActiveX 自动化 VI 相似。

第 2 章　LabVIEW 概述

本章提要：学习 LabVIEW 的工作原理、LabVIEW 程序的基本构成以及 LabVIEW 开发平台的安装方法。

2.1　LabVIEW 简介及工作原理

LabVIEW 是用于建立测试、测量和自动化应用的一门以图标代替文本代码的图形化语言。与基于文本代码的编程语言不同，LabVIEW 使用数据流编程，数据流决定程序的执行。在 LabVIEW 中，使用一组工具和对象来建立用户界面，用户界面称为前面板；使用函数的图形表示代码称为程序框图。程序框图在某些方面类似于流程图。

与标准的实验室仪器相比，基于软件的 LabVIEW 提供了更大的灵活性。用户虽然不是生产者，却可以定义仪器的功能。使用计算机、插入式硬件和 LabVIEW 共同组成一个可完全配置的虚拟仪器以完成用户的任务。使用 LabVIEW，用户可以根据需要创建所需的任何类型的虚拟仪器，而其成本仅仅是传统仪器的一小部分。当需求变化后，可以在很短的时间内修改虚拟仪器。

LabVIEW 使工业生产与设备研发等变得更加轻松。它拥有包含了庞大的函数的子程序库，这些库可以帮助用户完成编程中的大部分任务，使用户免于被传统编程语言中的指针、内存分配以及其他的编程问题的困扰。LabVIEW 也包含特定的应用程序代码，如数据采集（DAQ）、通用功能接口总线（GPIB）、串口仪器控制、数据分析、数据存储和 Internet 通信等。分析库包含了大量的实用函数，如信号产生、信号处理、滤波器、加窗、统计、回归、线性代数和矩阵运算等。

LabVIEW 的灵活性、模块化以及其编程的便利性使它流行于各大学、研究开发及生产制造的实验室及生产现场中。与其他仿真软件相比，其强大的与硬件结合甚至是"植入"硬件的功能使得它更容易在硬件上实现，从而也更容易检验所设计算法和系统的正确性、有效性与实用性。

LabVIEW 语言的更新频率非常快，目前已经发展到 LabVIEW 2015 版。考虑到虚拟仪器与数据采集控制硬件的密切关系，以及国内 32 位数据采集与控制装置的大量使用，本书以 LabVIEW 8.5 为例，介绍 LabVIEW 的工作原理与安装流程，后续版本的开发平台与 8.5 版的基本类似，掌握起来就比较容易了。

2.2　LabVIEW 的工作原理

LabVIEW 编程开发环境不同于标准 C 或 Java 开发系统的一个重要区别就是：标准语

言编程系统采用基于文本的代码行编程；而 LabVIEW 使用图形编程语言，通常称之为 G 语言，在称为框架的图形框架内编程。

一个 LabVIEW 程序由一个或多个虚拟仪器（VI）组成。这些虚拟仪器的外观和操作通常模拟了实际的物理仪器。然而在这些面板之后，有着类似于流行的编程语言如 C 或 BASIC 中主程序、函数、子程序。因此 LabVIEW 中的程序称为"VI"。每一个 VI 由三个主要部分组成：前面板、框图和图标。

（1）前面板是 VI 的交互式用户界面，它模拟了实际物理仪器的前面板（如图 2－1 所示）。前面板可包含旋钮、按钮、图形及其他输入控件（用于用户输入）和指示器（用于程序输出）。用户可以使用键盘、鼠标和触屏等进行输入，然后在屏幕上观察虚拟仪器程序运行产生的结果。

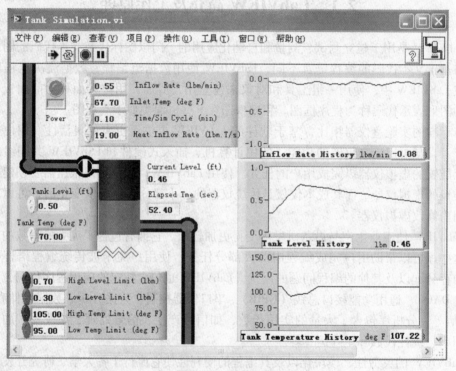

图 2－1　VI 前面板

（2）框图是 VI（虚拟仪器）的源代码，由 LabVIEW 图形化编程语言构成（见图 2－2）。框图是实际可执行的程序。框图的构成有低级 VI、内置函数、常量和执行控制结构。用连线将相应的对象连接起来定义程序运行的数据流。前面板上的对象对应于框图上的终端，这样数据可从用户传送到程序及再回传给用户。

（3）为了使一个 VI 能作为子程序用于另外一个 VI 的框图中，该 VI 必须有连接器图标（见图 2－3）。被其他 VI 所使用的 VI 称为子 VI，类似于子程序。图标是 VI 的图形表示，会在另外的 VI 框图中作为一个对象使用。当 VI 作为子 VI 使用时，其连接器用于从其他框图中连线数据到当前 VI。连接器定义了 VI 的输入和输出，类似于子程序的参数。

虚拟仪器是分层和模块化的程序，可以将其作为上层程序或子程序。使用这种体系结构，LabVIEW 进一步提升了模块化编程的概念。首先，把一个应用程序分解成一系列简单的子任务；然后，逐个建立 VI 完成每一个子任务；最后在一个上层框图中将这些 VI 连接起来完成更大的任务。

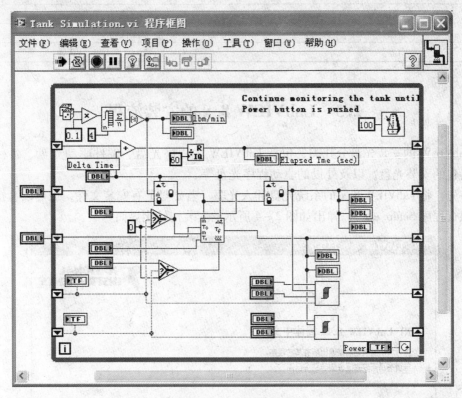

图 2 - 2 VI 的构成图

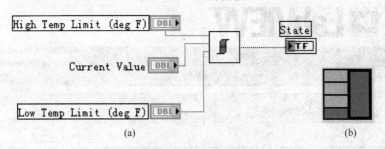

图 2 - 3 VI 的图标（a）和连接器（b）

模块化编程就是叠加过程，因为每一个子 VI 都可以单独执行，以便于调试。此外，一些低层子 VI 所执行的任务是很多应用程序所共用的，在每个应用程序中都可以独立地使用。

为了直观地理解上述概念，表 2 - 1 列出了一些 LabVIEW 术语及其等效的常规语言术语。

表 2 - 1 LabVIEW 术语及其等效的常规语言术语

LabVIEW	常 规 语 言
VI	程序
函数	函数或方法
子 VI	子程序、对象

续表 2 - 1

LabVIEW	常 规 语 言
前面板	用户接口
框图	程序代码
G	C、C + +、Java、Delphi、VB 等

2.3　LabVIEW 8. x 的安装流程

LabVIEW 的安装光盘分几类，包括 LabVIEW 主程序光盘、硬件驱动光盘、各种模块和工具包的安装光盘，以及外设的驱动程序光盘等。

首先，将 LabVIEW 8. x 的系统光盘插入光驱（若磁盘上有安装文件，也可以直接单击安装执行程序 Setup. exe），弹出如图 2 - 4 所示的安装初始化界面。

图 2 - 4　LabVIEW 8.5 系统安装初始化界面

初始化完成后，弹出如图 2 - 5 所示的用户信息界面，在文本框中输入用户全名、单位和序列号等必要信息后，单击"下一步（N）"按钮，进入安装目录选择界面，建议新用户选择默认安装目录，以保证以后的硬件驱动或其他第三方硬件驱动程序的正确安装。最后，在同意各项协议并接受程序提示选项后，进入开始安装界面，如图 2 - 6 所示。

主程序安装结束后会弹出对话框提示安装硬件驱动光盘，如图 2 - 7 所示。此时只需将驱动光盘插入光驱并单击 Rescan Drive（重新浏览）按钮，或者，若硬件上有相应的驱动程序，单击右侧的浏览小方框弹出对话框，找到驱动所在的路径，然后单击 Select 按钮。接下来从中选择需要安装的模块，根据提示界面接受各种协议并单击"下一步"按钮，Windows 就会自动安装驱动程序。在驱动程序安装结束界面显示完成信息后，应重启

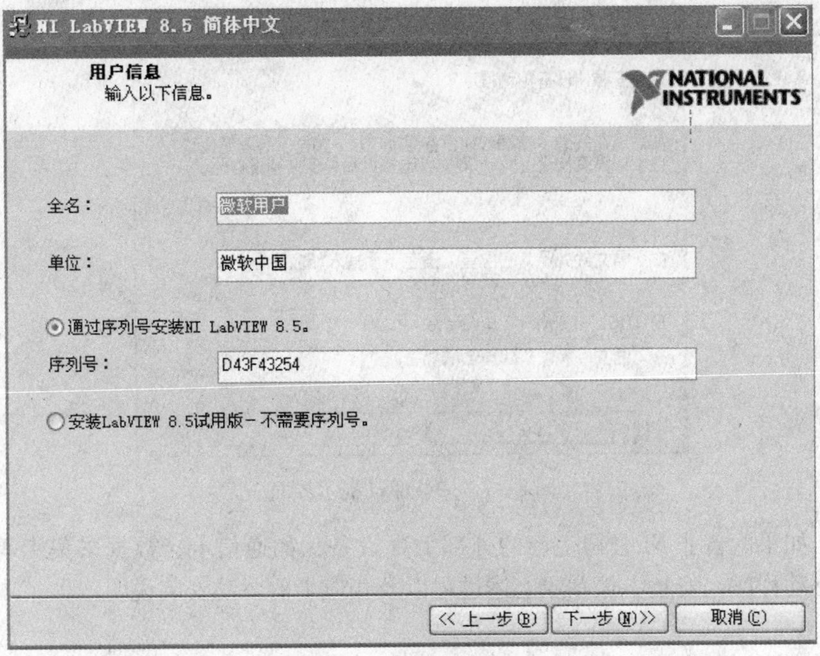

图 2 - 5　用户信息界面

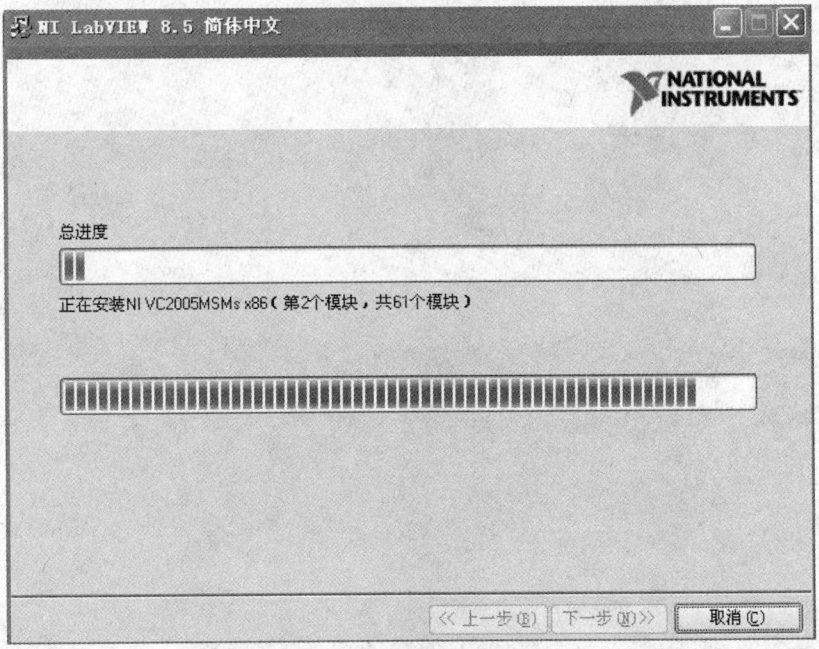

图 2 - 6　主程序安装界面

计算机，完成硬件信息的注册等工作，最终完成硬件驱动的安装。

　　接下来，若需要安装特定的工具包和模块，如控制设计包、仿真模块、实时模块，以及系统辨识工具包等，只需将相应的光盘插入光驱，重复上述的安装操作，Windows 系统会自动完成安装过程。

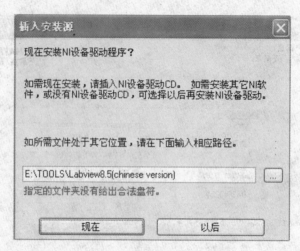

图2-7 安装驱动提示界面

　　最后，如果配备非 NI 公司生产的外部 I/O 设备，如通信卡、数据采集卡等，还要安装指定的驱动程序，安装步骤参照上述过程以及相应卡的驱动安装说明。

第3章 LabVIEW 环境

本章提要：学习 LabVIEW 的基本编程环境。学习 LabVIEW 程序的三个基本组成元素，即前面板、框图和图标/连接器。学习项目浏览器、下拉菜单和弹出菜单、浮动选项卡、工具条和获得帮助的方法，以及 LabVIEW 程序的编译方法。

LabVIEW 的核心是 VI，以及其他三个组成——前面板、框图和图标/连接器的共同工作。只要正确地开发出这三个主要部件，就会有一个独立的 VI 或可在另一个框图中用作子 VI。本章也将学习前述的 LabVIEW 环境：项目浏览器（LabVIEW Project Explorer）、下拉菜单和弹出菜单，浮动选项卡和子选项卡，工具条以及如何获得帮助。研究子 VI 的强大功能和使用子 VI 的原因。

双击 LabVIEW 图标，或通过菜单运行"National Instrument LabVIEW"，即可启动 LabVIEW，其启动界面如图 3 - 1 所示。

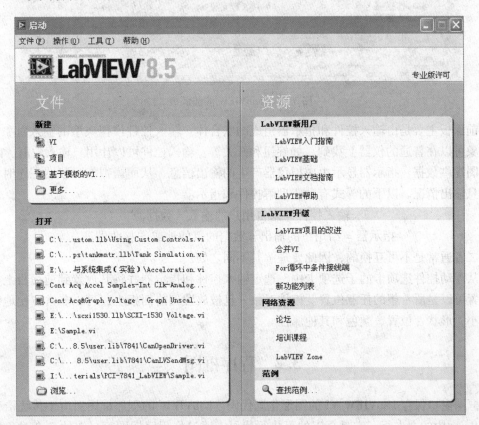

图 3 - 1　LabVIEW 启动界面

3.1   前面板

简单地说，前面板就是一个窗口，用户通过它与 LabVIEW 程序（虚拟仪器）进行交互。当运行 VI 时，必须打开前面板，以便向执行程序输入数据。一般而言，前面板是必不可少的，因为它是程序（虚拟仪器）输出的界面，图 3–2 所示为 LabVIEW 前面板的一个示例。

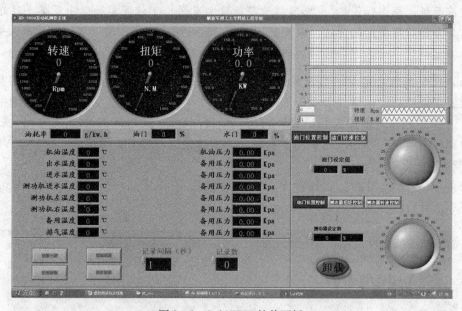

图 3–2   LabVIEW 的前面板

前面板主要是由输入控件和指示器组成的联合体。输入控件模拟典型的输入对象，这些对象可以在普通的仪器上找到，如旋钮和开关等。输入控件可以让用户输入数值，向 VI 的框图提供数据。指示器显示由虚拟仪器产生的输出信息，从而模拟实际仪器工作时的输入信息输出情况。以下的等式有助于理解控件和指示器：

输入控件 = 来自用户的输入 = 数据源
指示器 = 给用户的输出 = 数据的目的地或"接收器"

二者通常是不可互换的，因此要理解其不同之处。

从浮动控件选项卡的子选项卡中，选定输入控件和指示器并将其放置到前面板上，放置位置可以是所希望的任意位置。控件对象一旦被放置到前面板上，可以非常方便地调整其大小、形状、位置、颜色和其他属性。

3.2   程序框图

框图窗口保存 LabVIEW VI 的图形化源代码。LabVIEW 的程序框图对应于传统语言如 C 或 Basic 中的文本行，它是真正的可执行代码。通过将程序框图窗口上的各个对象连接在一起构成框图以执行特定的功能。这里对程序框图的各种组成元件，如端子、节点和连线等进行讨论和研究。

图 3-3 所示的简单 VI，可以计算两数之和，其框图如图 3-4 所示。图中显示了端子、节点和连线示例。须注意：输入控件端子是粗边框，右侧带一个指向外部的箭头；而指示器是细边框，左侧有一个指向内部的箭头。区分二者是很重要的，因为二者在功能上是不等价的（输入控件＝输入＝数据源；指示器＝输出＝接收器，二者是不可互换的）。

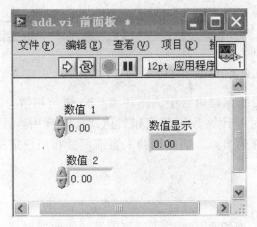

图 3-3 包含数据输入控件和数据显示指示器的 Add. vi 前面板

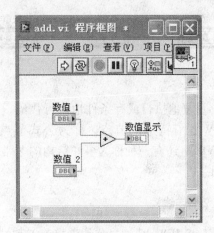

图 3-4 包含端子、节点和连线的 Add. vi 框图（函数的源代码）

当放置输入控件和指示器到前面板上时，LabVIEW 自动在框图中创建对应的端子。默认情况下，不能删除框图上属于控件和指示器的端子，即使有时想这么做，也只有在前面板上删除其对应的控件和指示器时，端子都会消失。然而，通过设置 LabVIEW 选项卡"程序框图"中的"从程序框图中删除/复制前面板接线端"，可以改变该功能的执行方式。

在框图中，可以把端子视为入口和出口，或者视为源和目的地。参见图 3-4，输入到数值 1 控件有数据离开前面板，通过框图中的数值 1 控件的端子进入框图。数值再从该控件的端子沿着连线流入"加"函数的输入端子。同样，数据从数值 2 控件端子流入"加"函数的另一个输入端子。当"加"函数的两输入端子都可以用时，该函数应会执行内部计算，在输出端子上产生一个新的数值。输出数据流到数值显示指示器的端子并重新进入前面板，显示给用户。

框图端子有一个"显示为图标"（View As Icon）选项（可从弹出菜单中调出），使得端子以图标方式显示。图标方式显示的端子较大（比关闭该选项的端子大），并且包含反映端子对应的前面板控件类型的图标。关闭"显示为图标"选项，端子将更加简洁，数据类型显示得更加醒目。这两种设置情况下的功能完全相同，随个人偏好设定。

图 3-5 所示是以两种方式显示了各种不同前面板控件的端子，其中（a）为选择显示为图标选项，（b）为关闭该选项。

3.2.1 节点

节点是执行元件形象化的名称。节点类似于标准编程语言中的语句、操作符、函数和子程序。"加"和"减"函数代表了一种类型的节点，结构则是另一种类型的节点。结构

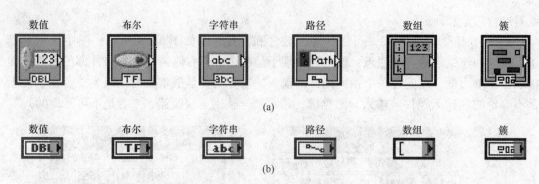

图 3-5　选择显示为图标（a）和关闭该选项（b）时的端子显示

能够重复地执行或有条件地执行代码，与传统编程语言中的循环和 Case 语句相似。Lab-VIEW 也有特殊的节点，称为公式节点，对于计算数学公式和表达式非常有用。另外，LabVIEW 还有一种称为事件结构的非常特殊的节点，能够捕获来自前面板和用户定义的事件。

3.2.2　连线

　　LabVIEW VI 通过连线连接节点和端子。连线是从源端子到目的端子的数据路径，将数据从一个源端子传递到一个或多个目的端子。

　　如果一条连线上连接多个源或根本没有源，LabVIEW 将不支持这样的操作，连线将显示为断开，所以一条连线只能有一个数据源，但是可以有多个数据接收端。

　　须注意：连接源和目的端子的连线规则解释了为什么控件和指示器不能互换。控件是源端子，而指示器是目的端子或接收端。

　　每种连线都有不同的样式和颜色，取决于渡过连线的数据类型。图 3-6 中的线型显示了数字标量值的连线类型——细实线。在图 3-6 中显示了一些连线及其对应的类型。简单地将颜色和类型对应起来，是为了避免混淆数据类型。

图 3-6　框图中常用的基本连线类型

3.2.3　数据流编程

　　由于 LabVIEW 不是基于文本的编程语言，其代码不能"逐行"执行。管理 G 程序执行的规则称之为数据流。简单地说，只有当其所有输入端子数据全部到达时才能执行；当其执行完毕，节点提供的数据送到所有的输出端子，并立即从源端子传递到目的端子。数据流显示对应于执行文本程序的控制流方法，控制流按指令编写的顺序执行。传统执行流程是指令驱动的，而数据流执行是数据驱动的或是依赖数据的。

3.3　LabVIEW 项目

LabVIEW 项目能够组织 VI 和其他 LabVIEW 文件，也包括非 LabVIEW 文件，如文档和其他可能用到的文件。保存项目后，LabVIEW 会创建项目文件（.lvproj）。除了保存项目中包含的相关文件的信息之外，项目文件还保存项目的配置、编译和开发信息。

3.3.1　项目管理器窗口

项目管理器（Project Explorer）窗口是创建和编辑 LabVIEW 项目的界面。图 3 − 7 显示了一个空白的项目。可以从菜单文件→新建项目打开项目管理器，并创建空白的项目。

项目以包含子项的树目录形式显示。如图 3 − 7 所示，根项目是"未命名项目 1"，显示项目文件的名称并包含所有的项目内容。下一项是"我的电脑"，它代表了作为项目中目标对象之一的计算机。

注意：目标对象是部署使用 VI 的地方，目标对象可以是本地计算机、LabVIEW RT 控制器、个人掌上电脑（PDA）、LabVIEW FPGA 设备或任何可以运行 VI 的地方。通过右键单击工程根部并在弹出菜单中选择"新建→目标或设备"，可以为项目添加目标对象。为了添加目标对象，还需要安装合适的 LabVIEW 附加模块。例如，LabVIEW RT、FPGA 和 PDA 模块，可以将这些对象添加到项目中。

"我的电脑"目标对象下是"依赖关系"和"程序生成规范"。依赖关系是项目中的 VI 需要的相关对象。程序生成规范定义如何部署应用软件的规则。

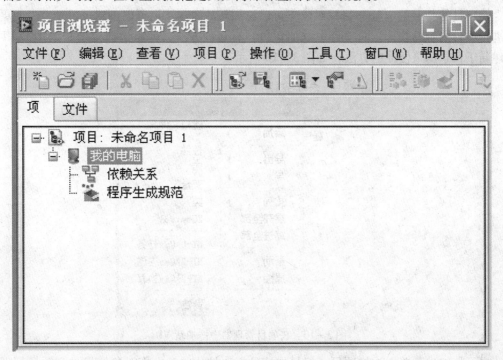

图 3 − 7　项目管理器显示新建的空白项目

3.3.2　项目管理器工具条

项目管理器包含许多工具，使得执行常用操作非常简捷。如图 3 – 8 所示，分别是 Standard、Project、Build 和 Source Control 工具条（依次从左至右）。

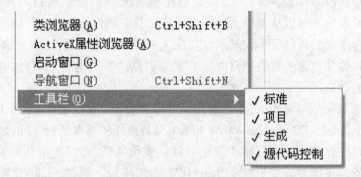

图 3 – 8　项目管理器工具条

从查看→工具栏菜单中可以选择是否显示这些工具条，或双击工具条从弹出菜单（见图 3 – 9）中选择想要显示的工具条。

图 3 – 9　工具栏弹出菜单显示哪些工具条是可见的

3.3.3　向项目添加对象

在项目的"我的电脑"目标对象下可以添加新的内容，也可以创建子目录，以便更好地进行项目内容的管理。向项目中添加新内容有多种方法，弹出快捷菜单是添加新 VI 和创建新子目录的最便捷的方法，如图 3 – 10 所示。

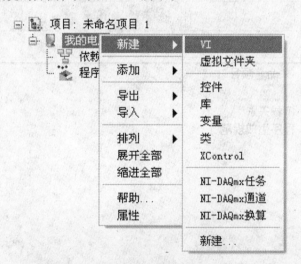

图 3 – 10　在项目管理器中添加新 VI

也可从弹出菜单中添加项目，但最快捷的方法是从磁盘中拖对象或目录到项目管理器窗口中。也可以将 VI 的图标（在前面板或框图窗口的右上角）拖到目标对象中。

3.3.4 项目子目录

项目子目录用来管理项目文件。例如，可以为子 VI 创建子目录，为项目文档创建另外的子目录，如图 3 – 11 所示。

图 3 – 11 项目管理器的子目录树结构

3.3.5 应用程序编译、安装、DLL、源代码发布和 Zip 文件

项目开发环境提供了由 VI 创建软件产品的功能。要使用该功能，可从项目管理器中的程序生成规范节点上弹出菜单，然后在新建→子菜单项中选择一种编译输出类型，如图 3 – 12 所示，可以选择以下各选项：

（1）应用程序（EXE）——使用单机应用程序为其他用户提供可执行版本的 VI，当用户要在不安装 LabVIEW 开发系统的情况下运行 VI 时，该功能是很有用的。Windows 应用程序的扩展名为 .exe。

（2）安装程序——使用安装程序发布由 Application Builder 创建的单机应用程序、共享库和源代码发布。安装程序包括 LabVIEW RT 引擎。如果用户要在不安装 LabVIEW 的情况下运行应用程序或使用共享库，LabVIEW RT 引擎是非常有用的。

（3）共享库（DLL）——如果想要用文本编程语言如 NI LabWindows/CVI、Microsoft Visual C + + 和 Microsoft Visual Basic 等调用 VI，就要使用共享库。共享库为 LabVIEW 之外的编程语言提供了访问 LabVIEW 开发的代码的方法。当与其他开发者共享建立的功能 VI 时，共享库是很有用的。其他开发者可以使用共享库，但是不能编辑或查看框图。除非被允许调试。Windows 共享库的扩展名为 .dll。

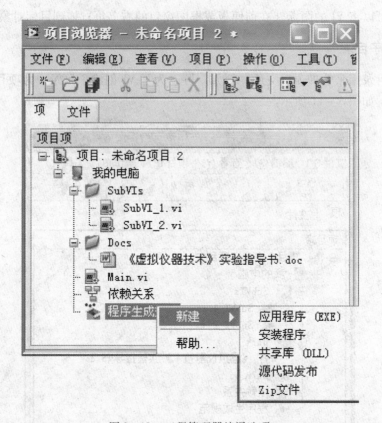

图 3 - 12　工程管理器编译选项

（4）源代码发布——源代码发布用于打包源文件。如果要将代码发送到其他使用 LabVIEW 的开发者，源代码发布是很有用的。用户可为指定的 VI 配置参数，以添加口令、删除框图或使用其他设置。也可以在源代码发布中为 VI 选择不同的目标目录，而不会断开 VI 和子 VI 之间的链接。

（5）Zip 文件——将多个文件或整个 LabVIEW 工程以单个便携式文件发布时，可以使用 Zip 文件，Zip 文件包含发送给用户文件的压缩文件。如果要将仪器驱动文件或源文件分发到其他 LabVIEW 用户，压缩文件是十分有用的。也可以使用 Zip VI 编程创建压缩文件。

3.4　子 VI、图标和连接器

子 VI 仅仅指将被另一个 VI 调用的 VI。任何 VI 都能够配置成子 VI。举例来说，创建称为 Array to Bar Graph. vi 的子 VI，用于把数组值显示为直方图的形式。可以在前面板上一直运行 Array to Bar Graph. vi（按下工具条上的运行按钮），但是也可以配置该 VI，以便其他 VI 在其框图中以函数方式调用，此时 Array to Bar Graph. vi 就称为子 VI。

当一个 VI 作为子 VI 使用时，其控件和指示器从调用者 VI 接收并返回数据。在另一个 VI 的框图中，该 VI 的图标表示它是一个子 VI。图标可以包含形成 VI 的简单的文本描述，也可以是两者的组合，如图 3 - 13 所示。

图 3 – 13　图标及其连接器

　　VI 的连接器功能类似于 C 或 Pascal 语言函数调用的参数列表，连接器端子就像图形化参数一样，用于与子 VI 间交互传递数据。每个端子对应前面板上特定的控件和指示器。在调用子 VI 期间，将连接控件的输入值复制到输入参数端子上，然后执行子 VI。执行完毕，将输出参数端子数值复制到指示器。

　　每个 VI 都有一个默认的图标，显示在前面板和框图窗口右上角的图标窗格内。默认图标如图 3 – 14 所示。

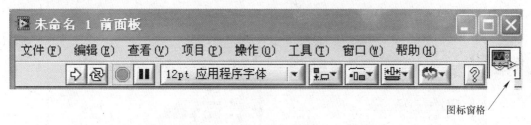

图标窗格

图 3 – 14　位于 VI 前面板右上角的 VI 图标窗格

　　VI 的连接器隐藏在图标下面，从前面板图标窗格的弹出菜单中选择显示连线板即可显示出来。当首次显示连接器时，LabVIEW 提供连接器样式为 12 个端子（左边 6 个为输入，右边 6 个为输出）。默认连接器窗格显示在图 3 – 15 中。用户可以根据需要选择不同的样式，在用尽连接器上的所有端子之前，可以为其分配多达 28 个端子。

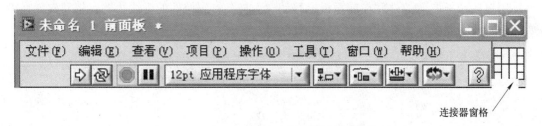

连接器窗格

图 3 – 15　位于 VI 前面板右上角的连接器窗格

实验示例 1　启动 LabVIEW

　　经过前面的学习，已经掌握了 LabVIEW 开发虚拟仪器的一些初步知识，现在可以进行一些练习和实验了。首先，启动 LabVIEW，然后将逐步创建一个简单的 LabVIEW VI，产生随机数并绘制于波形图表中。详细的开发步骤将在后面叙述，这里只需对开发环境有一个初步的了解即可。

　　（1）启动 LabVIEW（如果已经启动 LabVIEW，请退出再重新启动）。

　　（2）在 LabVIEW 启动对话框中，单击新建选项卡中的 VI，出现"未命名 1"前面板。

在浮动的控件选项卡上，转到新式→图形选项卡，如图 3 – 16 所示。

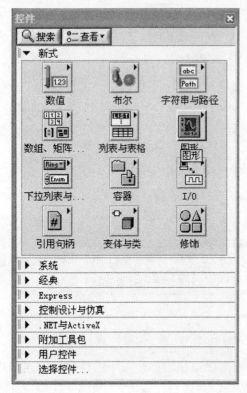

图 3 – 16　图形控件选项卡

在图形控件选项卡，单击选择"波形图表"，并将其放置到前面板上。

用户在"抓取"控件并在前面板上移动时，将会看到控件的虚线边框，将其放置在需要的位置时，图表显示为实际状态，如图 3 – 17 所示。

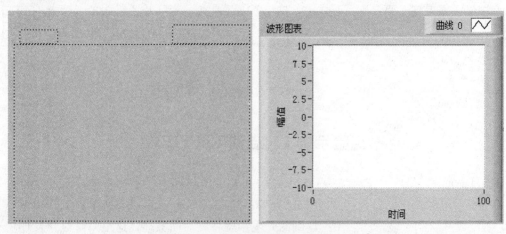

图 3 – 17　控件在拖动过程中和放置到前面板上的状态

（3）返回新式子选项卡，然后转到布尔子选项卡，并选择停止按钮。将其放置到图表旁边，如图 3 – 18 所示。

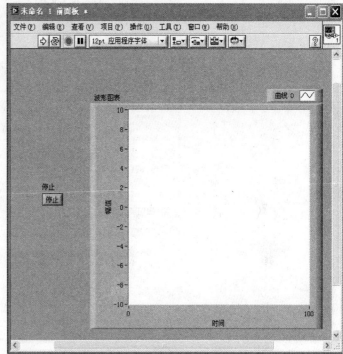

图 3 – 18　布尔控件指示器与添加停止按钮的前面板

（4）将图表 Y 轴的坐标范围从 – 10 到 10 改为 0 到 1。比较简单的一种方法是使用文本编辑工具双击 10（Y 轴的最大值），加亮显示数字，然后输入 1.0 并单击确定按钮。采用相同的方法将 – 10 改为 0。

（5）在当前界面上打开窗口下拉菜单，并单击显示程序框图，并当前界面切换到框图窗口，这里可以看到框图窗口内已经有两个端子，如图 3 – 19 所示。

（6）现在可将端子放到 While 循环中，使其作为程序重复执行的部分。从函数模板中，进入编程→结构子选项卡，然后选择 While 循环（见图 3 – 20）。此时应确认框图窗口处理激活状态，否则将会看到控件选项卡而不是函数选项卡。

停止　　　波形图表

图 3 – 19　框图窗口显示的
停止按钮和波形图表端子

当选择 While 循环后，光标将会变成小的循环图标，用鼠标拖动图标虚框，从对象的左上角单击并拖动鼠标到右下角释放鼠标按钮，最后框选住对象，当释放鼠标按键后，所拖动的虚线将会变成 While 循环的边框，如图 3 – 21 所示。确保边框外部应预留额外的空间。

（7）进行函数选项卡，从编程→数值子选项卡中选择随机数（0 – 1）对象，并将其放置到 While 循环内。

While 循环是一种特殊的 LabVIEW 结构，它能够重复执行其边框内部的代码直到条件端子值为真（如果设置为真（T）停止，就会出现一个小的红色停止标志 ◉）。它等效于许多传统语言中的 Do – While 循环。

（8）使用"定位/调整大小/选择"工具，排列框图对象，使之与图 3 – 22 中的框图类似。

图 3 – 20　显示 While 循环的函数选项卡

图 3 – 21　While 循环的选择与定位过程

（9）使用进行连线工具（Wiring，以下统称连线工具），先单击随机数（0 – 1）图标，然后移动鼠标到小型图表的端子，再次单击鼠标。现在有一条橙色实线连接着两个图标，如图 3 – 23 所示。接下来再连接布尔停止端子和 While 循环的条件端子，连接完成后的框图如图 3 – 24 所示。

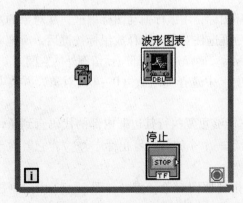

图 3 – 22　放置随机函数后的框图

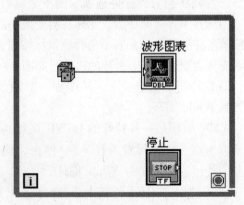

图 3 – 23　连接随机函数和波形图表连线

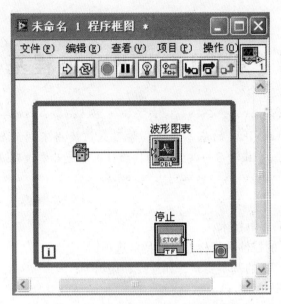

图 3-24　完成连线任务后的框图

（10）现在 VI 已经可以执行了。首先从窗口菜单后选择显示前面板。单击运行按钮运行该 VI。将会看到一系列的随机数连续绘制在图表中。如果想要停止，单击停止按钮即可（如图 3-25 所示）。

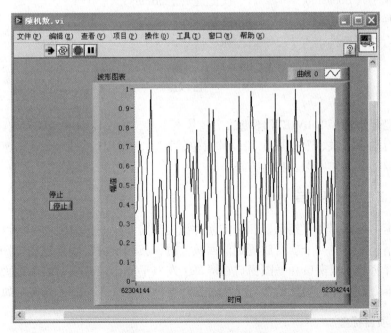

图 3-25　运行中的前面板

（11）在硬件的适当位置创建子目录"我的工作"，在文件菜单中选择保存并指定刚创建的子目录，将 VI 保存在该目录下，命名为"随机数.vi"。

第 4 章　LabVIEW 编程基础

～～～～～～～～～～～～～～～～～～～～～～～～～～～～～

本章提要：学习 LabVIEW 的基本原理。学习如何使用不同的数据类型，如何创建、修改、连线和运行 VI。并且学习一些常用的快捷键来加速开发过程。

～～～～～～～～～～～～～～～～～～～～～～～～～～～～～

（1）学习目标：

1）熟悉 LabVIEW 编辑技术；

2）学习不同类型的控件和指标器及其特殊选项；

3）掌握创建一个 VI 的基本要素，如连线和编辑等；

4）创建并运行一个简单 VI。

（2）关键术语：

选项（Option）　　　　　　格式和精度（Format and precision）

数值型　　　　　　　　　　数组、矩阵与簇（Array，Matrix and Cluseter）

字符串型（String）　　　　 错误连线（Bad wires）

布尔型（Boolean）　　　　 快捷键（Shortcuts）

路径（Path）　　　　　　　标签（Label）

复合按钮控件　　　　　　　标题（Caption）

4.1　创建 VI

在前面已经讲述了 LabVIEW 环境的一些基本要素，现在详细展示如何创建自己的 VI。只有通过亲自动手实践、上机操作和设计对象系统，才能真正掌握 LabVIEW 语言的使用方法和虚拟仪器的工作原理及构建方法。

4.1.1　在前面板上放置项目

从选项卡，可将控件、指示器和装饰元件拖曳到前面板上，如图 4-1 所示。

大多数情况下，将一个项目放置到前面板上时，其端子将自动出现在框图窗口里。在此，可以选择将前面板窗口和框图窗口在屏幕上左右平放比较方便，因为前面板和框图可以同时在屏幕上显示。该功能的实现是通过选择窗口→左右两栏显示来实现的。

4.1.2　设置项目标签

标签是前面板和框图中的文本区域，用来表示指定元件的名称。当对象第一次出现在前面板窗口内仅使用默认的标签名字（例如，"数值 1"，"字符器 1"等）。在单击其他区域前，标签文本将处于选中状态，此时可以从键盘输入文字重命名标签。如果用鼠标单击了其他区域，则默认标签名将被保留。在将文本输入到标签后，下面的任何一种方法都可

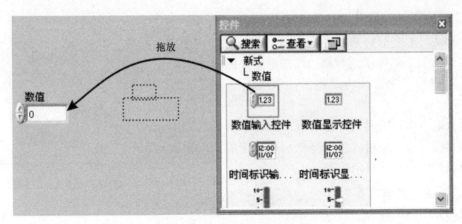

图 4 - 1　在前面板上拖放控件

以完成修改：

（1）按下小键盘的 < Enter > 键；

（2）单击工具条上的 Enter 按键；

（3）单击前面板或框图上标签之外的其他区域；

（4）同时按下 < Shift + Enter > 或 < Shift + Return > 键。

标签将同时出现在相对应的框图端子和前面板对象处。

LabVIEW 有两种标签：固定标签和自由标签。固定标签属于特定的对象，并且随对象一起移动，只用来注释特定的对象。当在前面板上创建一个控件或指示器时，默认的固定标签将随之出现，等待输入。前面板对象和对应的框图将拥有相同的固定标签。自由标签不属于任何特定的对象，可以在前面板和框图上随意地创建和删除。

4.1.3　改变文本的字体、字形、字号以及颜色

在 LabVIEW 中可以通过工具条上的字体工具中的各个选项来改变文本的属性。用"定位"工具选择对象或者用"编辑文本"工具或"操作值"工具选中文本，然后从"文本设置"下拉列表框中进行选择（见图 4 - 2）。选中的文本或对象将产生相应的变化。如果没有选中任何对象，所做的选择将作为默认的字体，作用于以后的文本设置。

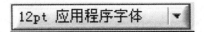

图 4 - 2　文本选择设置命令选项

如果从菜单中选择字体对话框，将会出现一个对话框，可使用该对话框同步修改选中文本的多项字体属性。

LabVIEW 接口的特殊部分使用系统字体（System）、应用程序字体（Application）和对话框字体（Dialog）。这些字体都是 LabVIEW 预先定义好的，如果进行修改，则所有用到它们的控件都会相应改变。

4.1.4　编辑技巧

一旦窗口中有了对象，就需要对其进行移动、复制、删除等操作。

4.1.4.1　选择对象

在移动对象之前必须要先选中该对象。想要选中某个对象，只需将"定位"工具移动到对象上面并单击鼠标即可。当选择对象后，LabVIEW 将用一个虚线将其包围，该虚线称为选取框。如图 4 – 3 所示。

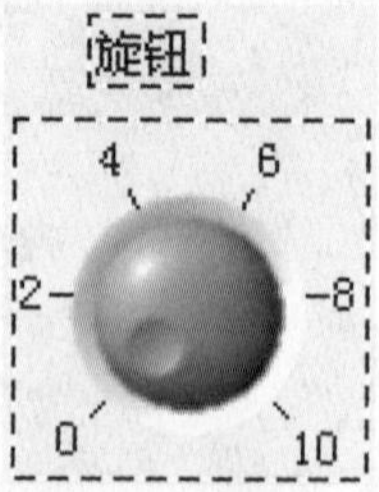

要选取多个对象时，可以在按下 <Shift> 键的同时用鼠标单击每个添加的对象，还可以在按下 <Shift> 键的同时再次用鼠标单击某个对象来撤销对该对象的选择。

图 4 – 3　对象选取框

4.1.4.2　调整对象的大小

大部分的对象的大小都可以改变。定位工具通过一个大小可调的调整对象时，对象一角或边缘处就会出现调整大小的调整柄，如图 4 – 4 所示。

当定位工具通过可以调整大小的调节柄时，光标将变成大小调节工具。单击并拖曳该光标直到虚线框勾勒出所要求的大小为止，见图 4 – 5。

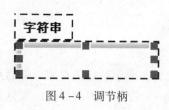

图 4 – 4　调节柄

图 4 – 5　使用调节柄调节一个对象的大小

4.1.4.3　移动、组合和锁定对象

对象可以位于其他对象的上面甚至遮挡其他对象，这是因为用户将其放置在那里或者通过一些连带的移动造成的。LabVIEW 编辑菜单中有几个用来相对于其他对象移动某个对象的命令，这些命令对于找到程序中"丢失"的对象是十分有用的。如果发现一个对象被阴影包围着，很有可能是该对象位于其他对象的上面。在图 4 – 6 中，字符串控件并不是真的位于循环里面，而是在循环的上面。

可以使用图中的这些重新排序复合按钮中的选项重新排序对象（见图 4 – 7）：

图 4 – 6　端子位于 While 循环的上方
但实际上不属于该循环

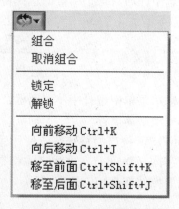

图 4 – 7　重新排序菜单选项

在前面板中，还可以将两个或更多的对象组合在一起（如图4-8所示）。首先选中想要组合的对象，然后从重新排序菜单选择中选择组合选项。当移动、调整大小或删除组合对象时就如同对单个对象那样操作就行了。

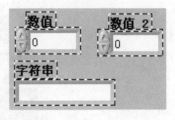

图4-8 多个控件的组合

取消组合将"取消"组合，组中的每个成员都会变成为独立的对象。

锁定对象将固定对象的大小和位置，使对象不能被重新移动、调整大小或删除。这是一种非常有用的工具，能够避免由于前面板上的对象太多导致编辑时误编辑某个对象。

4.2 基本控件和指示器及其功能

LabVIEW 的基本输入控件和显示控件主要包括4种类型：数值型、布尔型、字符串型和路径型。当需要为控件或指示器输入数字或文本值时，可以使用自动选择工具（Operating，以下统称选择工具）或编辑文本工具（Labeling 工具）。新输入的或修改过的文本直到按下数字键盘上的回车键、按下工具栏上的回车按钮或者单击对象以外的地方后才得到注册，完成对象编辑。

4.2.1 数值控件和指示器

数值控件用来在 VI 中输入数字值，数值指示器用于显示对象的数字值。LabVIEW 有多种类型的数值对象：旋钮、滑动条、容器和温度计，以及简单的数字显示。要使用数值对象，可从控件选项卡的新式→数值子选项卡中选择。所有的数值对象可以是控件也可以是指示器，默认是其中之一。例如，一个温度计默认为指示器，因为大部分情况下会将其作为一个指示器使用。相反，旋钮将作为一个输入控件出现在前面板上，因为旋钮通常是输入设备。

4.2.1.1 数据类型

框图的数值端子的外观取决于数据类型。不同的类型提供了不同的数据储存方式，有助于有效地利用存储器。存储不同的数据时占用不同的字节数，可以把数值分为有符号数（可以表示负值）和无符号数（只有正值和0）。当数据为整形数据时，框图端子为蓝色；当数据为浮点数时框图端子为橙色（整数在小数点的右边没有数字）。端子上标有一些表示数据类型的字母，比如"CXT"表示扩展精度复数。

从对象的弹出菜单中选择表示法，可以改变数值常量、输入控件和指示器的数据类型。用鼠标右键单击输入控件或指示器可打开其弹出菜单，然后就可以在图4-9所示的选项卡中进行选择。

4.2.1.2 格式和精度

LabVIEW 中可以选择数值显示器的格式显示纯数字或显示时间和日期。如果显示纯数字，可以选择浮点数、科学计数法或工程计数法表示。如果显示时间，可以按秒选择绝对时间或相对时间。还可以选择显示的精度，即小数点右边显示的数字位数，可以从0到20。精度只影响显示值，内部的精度还是取决于其数据类型。

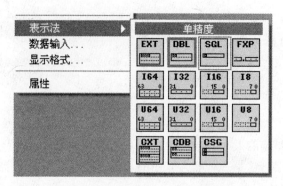

图 4 - 9　数值数据类型弹出子菜单

可从对象的弹出菜单中选择显示格式 . . . 选项，来指定格式和精度。选项对话框如图 4 - 10 所示。如果是显示时间和日期，可从列表框中选择绝对时间或相对时间，对话框将相应地改变，如图 4 - 11 所示。

图 4 - 10　数值属性对话框的格式和精度标签页

图 4 - 11　配置数值指示器显示绝对时间

4.2.1.3　复合按钮

复合按钮是一种特殊的数值对象，可将 16 位无符号整数与字符串、图片或者同时与两者结合在一起。这些复合按钮可以在控件选项卡的新式→下拉列表与枚举和经典→经典下拉列表及枚举子选项卡上找到，这种对象对于选择互斥项是很有用的，如操作方式、计算函数等。

当创建一个复合按钮时，可以输入文本或者粘贴图片并与一个特定的数字相关联（0 为第 1 个文本信息，1 为下一个的编号，依此类推）。在该复合按钮的弹出菜单中选择显示项→数字显示选项，就可以看到这些数字，如图 4 - 12 所示。

4.2.2　布尔型

布尔型数据有两种状态：真或假。LabVIEW 为布尔型控件和指示器提供了很多种开关、指示灯和按钮，这些可以在控件选项卡的新式→布尔和经典→经典布尔子选项卡上找

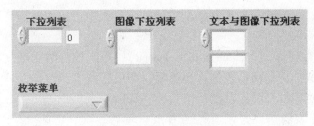

图 4 – 12　复合按钮控件

到。改变一个布尔型量的状态可以用操作工具在其上单击。与数值控件和指示器一样，每一种布尔型变量都有一个基于其最可能用途的默认类型（例如，开关作为控件出现，而指示灯作为指示器出现）。

4.2.2.1　带标签的按钮

LabVIEW 中有 3 个按钮，在其上嵌入了表示功能的文本信息：确定、取消和停止按钮。不仅这 3 个按钮，其他所有布尔型也都有着一个显示项→布尔文本选项，使其可以按照状态显示"开"和"关"。这些文本仅仅为用户提供信息。每个标签可以包括两条文本信息：一个代表真，一个代表假。当第 1 次放置按钮时，状态为真的显示"开"，状态为假的显示"关"，可以使用标签工具改变这些信息。

用鼠标单击按钮上的布尔型文本跟单击按钮本身的效果相同。然而对于按钮的标签和标题就不同了，如果将标签和标题移动到按钮上，单击它们将不起作用，这阻止了用户对按钮的访问。

4.2.2.2　机械动作

布尔型控件有一个非常方便的弹出式菜单选项"机械动作"（Mechanical Action），可以决定当单击布尔型控件时控件的行为（例如，当按下鼠标键时不管值是否变化，松开时一定改变，或者只是在一段时间内变化可以用来读数，然后又返回到原始状态。LabVIEW 为布尔控件的机械动作提供了 6 种模式可供选择。

（1）单击时转换（Switch when Pressed）：当每次使用操作工具在控件上单击时，该动作变动控件的值。这是布尔控件的默认动作，类似于吊灯开关，并且不受 VI 读取控件快慢的影响。

（2）释放时转换（Switch when Released）：仅当在控件的图形边界内单击鼠标并释放鼠标键后，该动作才改变控件的值，并且不受 VI 读取控件快慢的影响。该模式类似于在对话框单击复选框时的情况，在释放鼠标键之前只是加亮显示，其值不会改变。

（3）保持转换直到释放（Switch until Released）：单击控件时立刻改变控件的值，并在释放鼠标键前保留新值。释放鼠标键后，控件又恢复到原来的值。该动作类似于门铃开关，并且不受 VI 读取控件快慢的影响。

（4）单击时触发（Latch when Pressed）：单击控件立刻改变控件的值并保留新值，但在 VI 读取其值一次之后，控件又立刻自动翻转到其默认值。无论是否继续单击鼠标按钮，该动作都发生。该动作类似于电路的断路器，当需要 VI 实现一些设置后仅执行一次的事情时很有用。例如按下停止按钮来停止 While 循环。

（5）释放时触发（Latch when Released）：仅当释放鼠标键后才改变控件的值；当 VI 读取一次控件的值后控件恢复原来值。该动作至少保证读到一个新值。就像"（2）释放时转换一样"模式,该模式类似于对话框中的按钮,当单击按钮时加亮显示,并且当释放鼠标键时锁定一次读取。

(6) 保持触发直到释放 (Latch until Released):单击控件时立刻改变控件的值,在 VI 读取值一次或释放鼠标键前保持该值,无论哪一个最后发生。

例如,对于垂直摇杆开关,其默认值为关 (False)。

4.2.2.3　用导入的图片定制自己的布尔型控件

对于任何一个布尔型控件或指示器,其风格都可以通过分别为真和假状态导入不同的图片来自行设定。

在定制控件时,通过需要导入所需要的图片,首先要准备图片文件。LabVIEW 没有包含任何类型的图片编辑器。当创建定制的布尔型或其他类型的控件时,通过基于现有的控件形式,例如布尔 LED 或数值滑动条控件。

(1) 在前面板上放置一个 Flat Square Button 控件,并选中该控件 (见图 4-13)。

(2) 从编辑 (E) 菜单选择自定义控件 (E…) (或从控件的弹出菜单中选择高级→自定义…) 来打开控件编辑器。

(3) 控件编辑器窗口将显示布尔控件。

(4) 在定制模式下,控件窗口就像前面板一样。可以在控件上弹出菜单进行设置,如刻度、精度等,如图 4-14 所示。

图 4-13　放置在前面板上的布尔控件　　图 4-14　切换到定制模式的控件编辑器

(5) 在定制模式下,通过单击工具按钮,可以调整大小、着色,以及替换控件的各种图片组件。

(6) 在自定义模式下,从布尔控件上弹出菜单并选择从剪贴板导入图片 (或从文件导入…等其他选项),选择所准备好的图片文件,如图 4-15 所示。

(7) 为布尔控件的 TRUE 分支重复步骤 (6),使用不同的图片,最后生成的自定义控件如图 4-16 所示。

(8) 选择文件 (F) 菜单中的保存 (S) 对定制控件进行保存操作。LabVIEW 为定制控件使用 ".ctl" 文件扩展名。

图 4-15 切换到编辑模式的控件编辑器　　　图 4-16 设定好的自定义控件

4.2.3 字符串

字符串控件和显示控件显示文本数据，使用非常简单。字符串中的数据通常以 ACSII 码格式保存，这是存储文本数字式字体的标准格式。字符串端子和连线承载着字符串数据，在框图上显示为粉红色。端子包括字母"abc"。可以在控件选项卡的新式→字符串与路径和经典→经典字符串与路径子选项卡上找到字符串，如图 4-17 和图 4-18 所示。

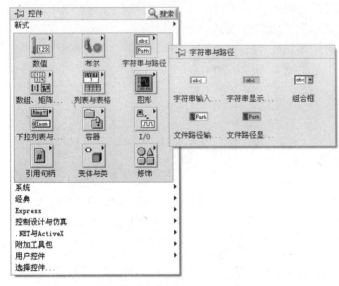

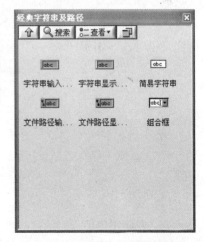

图 4-17　Modern string 控件　　　　　　图 4-18　Classic string 控件

4.2.4 路径

路径控件指示器用来显示文件、文件夹或目录的路径。如果一个函数要返回失败的路径，则路径指示器中将显示 <非法路径>。路径是独立的不依赖于平台的数据类型，尤其是对于文件路径，其端子和连线在框图上为蓝绿色。路径首先指定一个驱动器，然后是文件夹或目录，最后是文件名称。在 Windows 操作系统下目录和文件名用反斜杠（\）分隔（见图 4 - 19）。

图 4 - 19　文件路径控件

4.2.5　装饰件

为了美观，LabVIEW 控件选项卡上还有一个特殊的 Decorations 子选项卡用来改善前面板的外观。这些装饰件仅有一种独立的审美功能，它们只是控件选项卡上的对象，在框图上并没有相应的端子。

4.2.6　定制输入控件和显示控件

为增强编程的效果，LabVIEW 允许用户创建自己的定制输入控件和显示控件。因此当 LabVIEW 没有符合用户要求的精确的输入控件和显示控件时，自动可以动手制作一个。

4.3　连线

编程时，用户放置在前面板上的各种控件和指示器是不能自动按照逻辑流程运行的，要让程序按照设想运行，则必须在框图上将各种端子按照顺序连接起来。连线使用的是进行连线工具。该工具的光标点或"热点"为散开线头的端点。如图 4 - 20 所示。

要将端子与另一个端子相连，可用 Wiring 工具点击第一个端子，接着移动到第二个端子，然后再单击第二个端子即可，先单击哪一个端子均可。当 Wiring 工具的光标点正确定位到端子时，该端子区域将闪烁，如图 4 - 21 所示，单击即完成连线操作。

图 4 - 20　连线工具示意图　　　图 4 - 21　将一个数值控件端子与一个 Sine 函数的输入端子相连

4.3.1　自动选择路径

为了方便用户编程时的连线操作，LabVIEW 提供了一项可以自动选择连线路径的功能，它能够找到最佳的连接方式和连线路径，尽可能减少连线的拐弯（见图 4 - 22）。可以通过在引出一条线后按下 <A> 键来暂时关闭路径自动选择功能。再次按下 <A> 键将会打开路径自动选择功能。还可以清除已经存在的连线，只要用右键单击连线并且从弹出菜单中选择删除连线分支即可。如果用户不喜欢路径的自动选择功能，可以执行菜单项"工具（T）"→"选项（O）"…，在弹出的选项窗选择左侧类别选项中的程序框图选项，然后在窗口右侧的程序选项区域，取消位于自动连线路径选择前的复选框的勾选来关闭该功能。

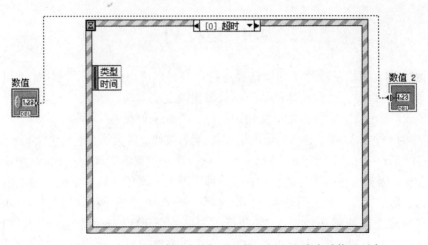

图 4 – 22　在自动选择路径功能打开的情况下，连线自动绕过对象

4.3.2　自动连线

另外一种连线功能是使用 LabVIEW 的自动连线特性。当从控件选项卡中选择了一个函数后，若在框图上拖动该控件时，LabVIEW 会产生临时的连线来显示有效的连接。如果将一个控件拖曳到一个端子或其他有着有效输入或输出的对象附近时，LabVIEW 会自动将它们连接起来。

4.3.3　连接复杂对象

当连接复杂的内置节点或子 VI 时，注意到用 Wiring 工具接近图标时所出线的小线头是非常有用的。图 4 – 23 中 VI 图标周围的小线头通过自身的类型、粗细和颜色指出了端子所需要的数据类型。线头可以为前面描述过的自动连线功能所运用。

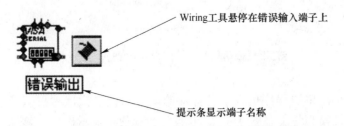

图 4 – 23　当连线工具接近图标时所出现的小线头和提示条

4.3.4　自动添加常量、控件和指示器

代替从选项卡上通过选择创建常量、控件和指示器然后再手动连线到端子的复杂操作，可以只打开端子的弹出菜单选择创建→常量、创建→输入控件或创建→显示控件选项也可以自动生成与数据类型一致的对象，新对象的连线已经自动完成了。例如，为某个函数创建一个指示器来显示其输出结果，即打开该函数的弹出菜单选择创建→显示控件。LabVIEW 将自动在框图上创建一个指示器端子并与该函数的输出相连，同时在前面板上也生成一个指示器，这样大大地方便了编程工作。

4.4　运行 VI

若要运行 VI，可以从操作菜单中选择运行命令，也可以使用相关的快捷键或者单击运行按钮。当 VI 运行时，运行按钮的状态将会发生改变。

若当前 VI 正在顶层运行，运行按钮为黑色，看起来好像在"移动"。

若 VI 作为一个子 VI 被其他 VI 调用执行时，运行按钮上的大箭头上又包含了一个小箭头。

若需连续运行一个 VI，则按下连续运行按钮。这样做有一定风险，所以一般不建议采用这种运行方式，因为这种操作可能会意外导致程序进入死循环，只有重启才能退出。如果计算机一直处于繁忙状态，可试用异常终止快捷键：Windows 系统下按住键盘的 < Ctrl > 键。

按下异常终止按钮终止顶层 VI 的执行。如果一个子 VI 被多个运行着的 VI 所调用，异常终止按钮是灰色的。使用异常终止按钮可以使程序运行立即终止，但不推荐这样做，因为可能导致数据丢失。一个好的处理方法是在程序中编写一个"软件停止"，将其置于程序中，承担程序的停止功能任务。

当按下暂停按钮时程序会暂停运行，再次按下该按钮程序会恢复运行。

可以同时运行多个 VI。在第一个 VI 开始运行后，可以切换到下一个 VI 的前面板或框图窗口，用前述的方法启动它。如果将子 VI 作为顶层 VI 运行，直到该子 VI 完成之前，所有调用它的 VI 都是断开的。不能够将一个子 VI 作为顶层 VI 和子 VI 同时运行。VI 运行的有关按钮和状态见图 4 – 24 所示。

运行按钮　　　运行按钮　　　运行按钮　　连续运行按钮　异常终止按钮　暂停按钮
　　　　　　　（活动的）　　 （子VI）

图 4 – 24　运行按钮及其状态

实验示例 2　创建一个温度计

本实验是一个简单的程序仿真，其实现的功能为，以摄氏温度（℃）为单位读取温度，然后将该值转换为华氏温度（℉），并且将两个值都显示出来。其创建过程如下：

（1）打开一个新的前面板。

（2）从控件菜单的新式→数值选项卡中选择一个温度计旋转到前面板上。一旦温度计出现在前面板上，在其标签框中输入℉，以示显示的是华氏温度。

（3）在温度计上用右键单击设定一个精确的温度值，并且选择显示项→数字显示。

（4）选择新式→数字选项卡，然后在前面板上放置一个数值指示器。将该指示器标签改为温度值（℃）。

（5）注意，可以使用 Positioning 工具移动控件和指示器，按照自己希望的方式排列，前面板的基本布局与图 4 – 25 相仿。

（6）将 VI 保存为温度计 . vi。

（7）创建如图 4 - 26 所示的框图。从窗口（W）菜单中选择左右两栏显示（T）可以同时显示前面板和框图。然后从 Functions 选项卡选择"选择 VI..."将温度模拟子 VI（Demo Read Temperature. vi）放置于框图中。连线后的框图见图 4 - 26。

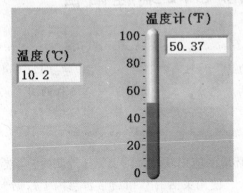

图 4 - 25　温度计. vi 的前面板

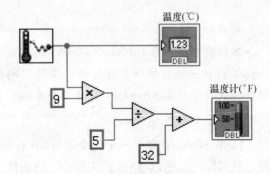

图 4 - 26　温度计. vi 的框图

将摄氏度转换为华氏温度的计算公式如下：

$$F = \frac{C \times 9}{5} + 32$$

式中　F——华氏温度值；

　　　C——摄氏温度值。

使用编程→数值选项卡上的乘、除和加函数来实现该公式。用数值常量创建框图上的数值常量，常量也位于编程→数值选项卡，见图 4 - 27。

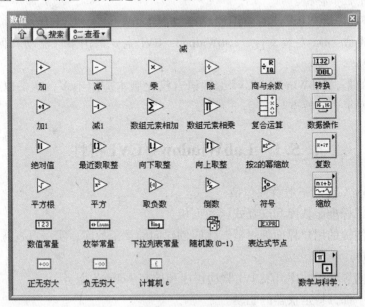

图 4 - 27　数值选项卡上的数值常量

（8）单击运行按钮将 VI 运行几次。将会看到温度计显示从仿真函数读取的温度值。如果不能编译 VI，可调试检查程序并修改正确后再运行。

（9）从文件（F）菜单中选择保存（S），将 VI 保存起来。

第 5 章　LabWindows/CVI 编程语言

~~~~~~

本章提要：学习 LabWindows/CVI 编程语言的基本特性与编程环境概况。学习 LabWid-nows/CVI 的一般特性和扩展特性、工作空间的构成元素、文件类型、对象编程的概念与特性。最后学习 LabWindows/CVI 的基本编程窗口构成与使用方法。

~~~~~~

LabWindows/CVI 是一个完全的 ANSI C 开发环境的应用软件，用于仪器控制、自动检测、数据处理。它以 ANSI C 为核心，将功能强大、使用灵活的 C 语言平台与用于数据采集、分析和显示的测控专业工具有机地结合起来。它的交互式开发平台、交互式编程方法、丰富的功能面板和函数库大大增强了 C 语言的功能，为熟悉 C 语言的开发人员建立自动化检测系统、数据采集系统、过程控制系统提供了一个理想的软件开发环境。

LabWindows/CVI 软件把 C 语言的有力与柔性同虚拟仪器的软件工具库结合起来，包含了各种总线、数据采集和分析库，同时，LabWidows/CVI 软件提供了国内外知名厂家生产的三百多种仪器的驱动程序。LabWindows/CVI 软件的重要特征就是在 Windows 和 Sun 平台上简化了图形化用户接口的设计，使用户很容易地生成各种应用程序，并且这些程序可以在不同的平台上移植。

使用 LabWindow/CVI 设计的应用程序可脱离 LabWindows/CVI 开发环境独立地运行，并且可以打包生成 . msi 安装文件，LabWidnows/CVI 主要采用事件驱动和回调函数方式，编程方法简单易学。

需要说明的是，LabWindows/CVI 编程语言汉化版本应用不多，本书以英文编程环境为例介绍该开发平台的特点与应用。

5.1　LabWindows/CVI 特性

LabWidnows/CVI 的一般特性包括：

（1）提供了标准函数库和交互式函数面板。

（2）利用便捷的用户界面编辑器、代码创建向导及函数库，实现可视化用户界面的建立、显示和控制。

（3）利用向导和函数库开发 IVI 驱动程序和控制 ActiveX 服务器。

（4）提供了部分特定仪器的驱动。

（5）可创建和编辑 NI – DAQmx 任务。

LabWindows/CVI 8.0 的新特性包括：

（1）优化的集成编译器，使用外部优化编译器可以在 LabWindows/CVI 环境中编译 LabWindows/CVI 代码，还可以使用专用的 Microsoft Visual C + + 、Borland 和 Intel 编译器预先配置好的模板，或创建自定义模板。

（2）便捷的程序发布功能，重新设计了应用程序的发布方式，可创建高级程序发布，其中不仅包含 LabWindows/CVI 应用程序，还包括其支持程序，如 NI – DAQmx、NI – VISA 和 NI – SCOPE 等驱动程序。

（3）调用 . NET 程序集，使用 . NET 库调用方法，从 Microsoft . NET 处设置获取属性，如记录错误或监视 CPU 使用情况。LabWindows/CVI 还具有创建 . NET 控制器的功能，可使用该功能生成一个仪器驱动程序，作为 . NET 程序集的载体。

（4）Tab 控件，新增加了 Tab 控件，可将用户界面分别添加到多个 Tab 中，与其他控件类似，用户可在用户界面编辑器或通过编程方式创建并修改 Tab 控件。

（5）全新分析函数，新的高级分析库包含全新改写的曲线拟合和加窗函数、高效线性代数函数和各种特殊函数，同时对快速傅里叶（FFT）变换进行了改进。

（6）表格控件中增加了新的单元格类型，在前期版本中，表格控件支持数字、图片和字符串单元格，在新版本中，表格控件还支持下拉列表控件、组合框和按钮单元格。

5.2 LabWindows/CVI 的工作空间

工作空间窗口如图 5 – 1 所示，包括以下内容。

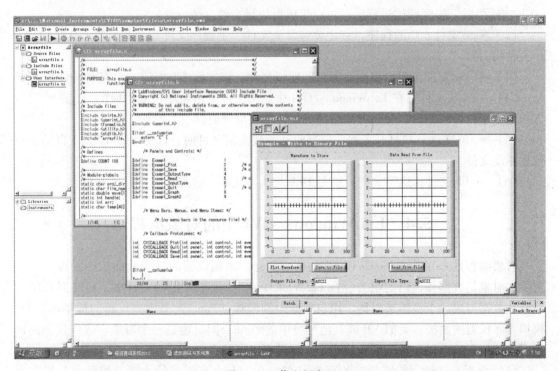

图 5 – 1 工作空间窗口

（1）工程目录区。工程目录区中包含当前工作空间中所有工程的目录，位于界面的左上角，粗体的工程名表示该工程为当前激活状态。编程人员可以对这个激活的工程进行构建、调试、修改等。如果一个工程名后有符号 ＊，则表明该工程已经被修改需要保存。

（2）函数目录区。函数目录区包括 LabWindows/CVI 的函数库和仪器库目录，位于界面的左下角。当装载一个仪器驱动时，仪器文件夹中包含了仪器函数面板目录。双击 Lab-Windows/CVI 上当中的函数名，即可打开相关的函数面板。

（3）窗口区。在窗口区可以打开源代码编辑器、用户界面编辑器、函数面板编辑器等，位于界面的右半部分。当在打开任一窗口时，菜单栏和工具栏应随着编辑界面的不同而发生相应的改变。

（4）输出区。输出区域包括编译错误、运行时错误和源代码错误信息窗口等，一般位于界面的右下角。这些输出窗口中包括错误、提示、程序变量列表等。在错误信息列表中双击一条错误信息，则会在源文件中与错误对应的程序代码处加亮显示。

（5）运行区。运行区包括变量、监视、内存和堆栈窗口，一般位于界面的右下角，可以在这些窗口中编辑变量和观察程序运行状况。

5.3　LabWindows/CVI 的文件类型

用 LabWindows/CVI 编写的虚拟仪器程序，其工作空间文件（＊.cws）通常包含的文件类型有如下 6 种。

（1）＊.prj 文件。工程文件是程序文件的主体框架，主要由＊.uir 文件、＊.c 文件、＊.h 文件组成。程度调试运行后，可以生成可执行文件（＊.exe）。

（2）＊.c 文件。C 源程序，它主要包含头文件、主程序文件和回调函数，其结构和 C 语言结构一致。

（3）＊.uir 文件。用户界面文件，即面板文件。该文件中包括菜单和各种控件资源。

（4）＊.h 头文件。在 LabWindows/CVI 中，头文件是由系统自动生成的。它的作用一方面是便于打开和编辑，另一方面是确保编译器在编译时能引用它们。

（5）＊.fp 文件。当打开工程的仪器驱动函数面板文件时，LabWindows/CVI 自动加载仪器驱动文件。

（6）＊.lib 文件。这类文件可能是 DLL 导入库文件，也可以是静态库文件。

5.4　LabWindows/CVI 中的对象编程

对象编程是 LabWindows/CVI 编程的核心概念。虚拟仪器的面板和面板中的控件都是对象，对象是数据和代码的组合。在 LabWindows/CVI 虚拟仪器的设计中，可将对象中的代码和数据当成一个整体来对待。用户界面中的面板（Panel）是虚拟仪器的最基本部分，模拟实际仪器的面板，类似 VB 或其他环境中的 Form，同时也是一个对象。虚拟仪器的面板是传统仪器的面板和软件界面的融合，它具有以下特点。

（1）面板互锁性。传统仪器的面板只有一个，上面布置着种类繁多的显示与操作元件，由此可能导致许多读与操作错误。虚拟仪器可以通过在几个分面板上的操作来实现比较复杂的功能，并且设置逻辑上的互锁功能，从而提高操作的正确性与便捷性。

（2）控件操作的灵活性。虚拟仪器面板上的显示元件和操作元件的种类与形式不受"标准件"和"加工工艺"的限制，它们是由编程来实现的。设计者可以设计符合用户认知要求的显示元件、操作元件和面板的布局。

（3）帮助特性。"帮助"菜单是虚拟仪器的一大特色。用户可以借助帮助信息学会操作仪器，解决使用时所遇到的问题。

面板中包括旋钮、按钮、图表以及其他控制器和指示器对象，这些对象称为控件。面板是虚拟仪器输入和输出数据的接口，用户可以直接用鼠标或键盘输入数据。面板中的对象是可视的，有一个图标（Icon）和它对应。

对象的两个基本元素是属性和事件。在 LabWindows/CVI 中，可通过对象的这两个元素来操纵和控制对象。

（4）对象的属性。属性是反映对象特征的参数，例如仪器面板中旋钮的大小、位置、刻度等。在 LabWindows/CVI 中，可通过控件属性对话框来设置属性。

对于 LabWindows/CVI 的大部分控件，都有如下的属性设置：

1）控件名称的设置。
2）控件事件响应函数的设置。
3）控件外观的设置。
4）控件标签的设置。

（5）对象的事件和回调函数。每一个控件对象都有其相应的响应事件，如双击鼠标、拖动窗口、点击按钮等。在 LabWindow/CVI 中，每个事件对应一个回调函数，当事件发生时，相应的回调函数被激活，由回调函数来完成控件相应的功能，从而达到预定的结果。

5.5 LabWindows/CVI 的基本编程窗口

LabWindows/CVI 开发平台是交互式集成开发平台，图形化用户界面，其编程环境由用户界面编辑窗口、源代码窗口以及函数面板窗口三部分组成。

5.5.1 用户界面编辑窗口

用户界面编辑窗口是用来创建、编辑 GUI（图形用户界面）的面板、控件和菜单的。一般情况下，一个用户界面至少要有一个面板。用户界面编辑窗口可以创建面板和控件以及设置各种属性，在短时间里建立符合要求的高质量图形用户界面。

在用户界面编辑窗口，右击鼠标将出现弹出式菜单。当鼠标点击用户界面编辑窗口的背景时，弹出菜单中包含创建面板和菜单选项；当鼠标点击面板背景时，弹出菜单包含了创建控件的选项；当鼠标点击控件时，将出现生成和查看控件回调函数的菜单项。图形用户界面编辑窗口如图 5－2 所示。

5.5.1.1 File 菜单

File 菜单用于完成对工作空间文件、工程文件、C 源代码文件、头文件、用户界面文件及函数面板文件的新建、打开、保存、另存等功能，同时还具有保存全部文件、自动保存工作空间、设置当前工程、最近打开文件及退出环境的功能，其菜单如图 5－3 所示。

5.5.1.2 Edit 菜单

Edit 菜单用于完成对工作空间的编辑、工程编辑、向当前工程添加文件、撤销操作、重复操作、剪切、复制、粘贴、删除/删除面板、复制面板、控件编辑、菜单编辑等。

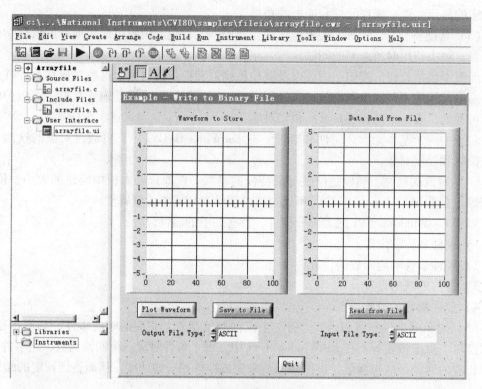

图 5-2　图形用户界面编辑窗口

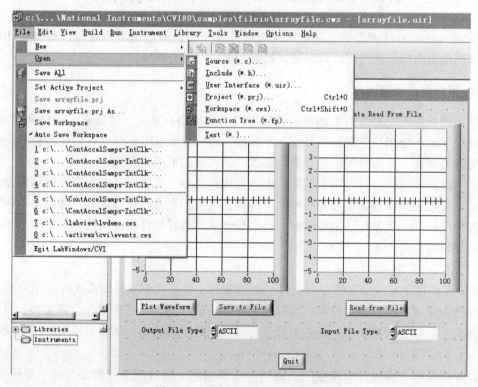

图 5-3　用户界面窗口 File 菜单

5.5.1.3　View 菜单

View 菜单用于定制是否显示工程目录区、函数目录区、工具栏及窗口排列方式，并且对于不同的编辑窗口，其他菜单项会有不同。在用户界面编辑窗口为当前激活窗口的状态下，其菜单如图 5-4 所示。

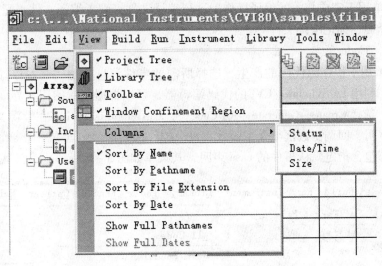

图 5-4　View 菜单

5.5.1.4　Create 菜单

Create 菜单用于创建面板、控件和菜单，其菜单如图 5-5 所示。

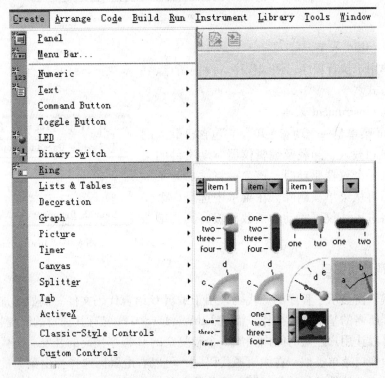

图 5-5　Create 菜单

5.5.1.5　Arrange 菜单

Arrange 菜单用于控件位置、大小、对齐方式、控件叠放顺序的调节。能实现对控件的前后排顺序、标签居中、对齐控件的功能。

5.5.1.6　Build 菜单

Build 菜单用于完成相关的编译操作。进行编译文件、配置编译文件、配置编译类型、导入外部编译器、标记编译文件等。

5.5.1.7　Code 菜单

Code 菜单用于程序源代码的产生，选择所需的事件消息类型，查看控件的回调函数及事件设置。利用 LabWindows/CVI 的代码编辑器，可以根据创建的用户界面文件自动产生 C 源代码。选择 Create→Generate→All Code…，LabWindows/CVI 将在 C 源文件中写入头文件、变量声明、回调函数框架及主函数。每个控件函数框架中含有一个 switch 结构，在每个结构中都包含指定默认事件的 case 声明，其菜单如图 5－6 所示。

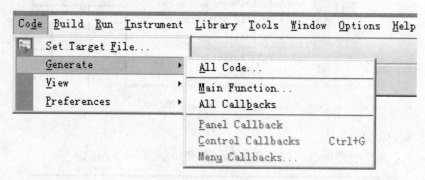

图 5－6　Code 菜单

5.5.1.8　Run 菜单

Run 菜单用于执行程序、调试程序、设置断点、单步执行、终止执行等，而且可以设置错误中断方式。

5.5.1.9　Instrument 菜单

Instrument 菜单是一个动态菜单，它包含已载入的仪器驱动目录和载入、卸载及编辑仪器驱动文件的菜单项。当载入一个仪器驱动时，该名称将添加到菜单项中，卸载后再从菜单项删除。在菜单中选择一个仪器驱动名，将进入该仪器驱动的函数面板，其菜单如图 5－7 所示。

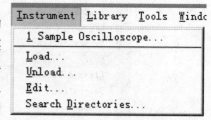

图 5－7　Instrument 菜单

5.5.2　源代码编辑窗口

源代码编辑窗显示了程序的源代码，用于编辑 C 语言代码文件。例如添加、删除、插入函数等编程所需的基本编辑操作。而且 LabWindows/CVI 又有其独特的简捷快速的开发、编辑工具，可以让用户在短时间内完成一个较复杂的 C 程序代码的开发。源代码窗口的菜单与用户界面窗口菜单类似。在编辑源代码时，可以右击鼠标选择弹出菜单的方式，来查看回调函数对应的控件及打开鼠标所在函数的函数面板等操作。

5.5.3 函数面板窗口

函数面板是 LabWindows/CVI 的一大特色。在 LabWindows/CVI 编程环境下，当在源程序某处插入标准函数时，只需找出对应的函数库，再从库中选择所需函数，便弹出一个与之对应的函数面板，填入一些参数即可完成函数的插入。而且在函数面板菜单中，可直接声明变量而无须切换到代码窗口，可直接选择调用已设变量和常量。因此可以大大提高源代码编写效率，避免输入错误。函数面板窗口如图 5-8 所示。

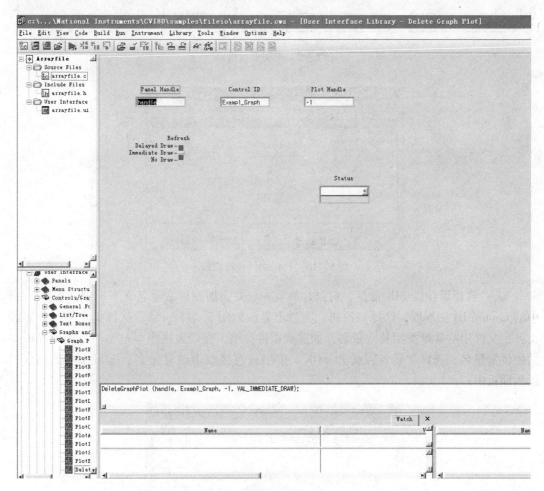

图 5-8　函数面板窗口

在函数面板上或面板上的控件中右击鼠标，可以弹出相应的帮助窗口（Function Help），在帮助窗口里有关于函数属性设置的详细说明。

在函数面板窗口经常用到工具栏的几个按钮，其功能如下：

：将函数插入到源代码文件的鼠标位置；

：声明变量名，按下该按钮会弹出声明变量对话框，如图 5-9 所示，可以选择变量类型、变量数组的元素个数、语句插入到源代码中的位置；

：选择目标文件，一般默认为当前工程中的源文件，该窗口如图 5-10 所示；

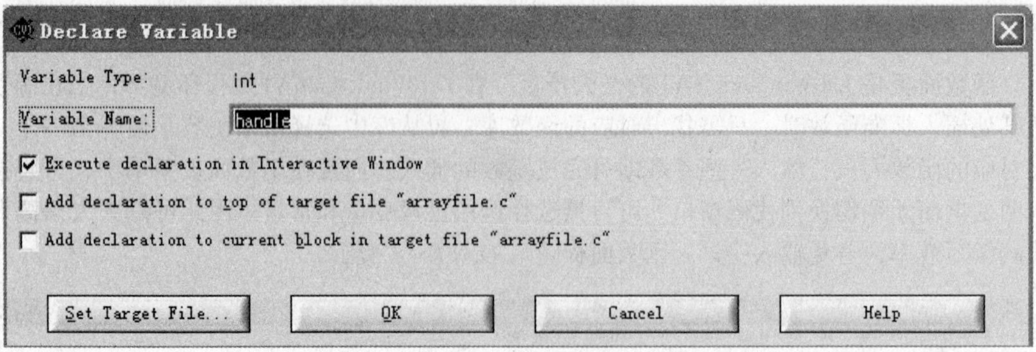

图 5 - 9 声明变量窗口

图 5 - 10 目标文件选择窗口

　：选择属性或 UIR 常量，将鼠标放置在需要添加控件常量名文本框中，如图 5 - 8 中的 Control ID 文本框，选择该按钮，则弹出界面如图 5 - 11 所示，选择指定的用户界面文件、文件中的常量类型及常量名，如选择控件类型，在列表框中会显示所有用户界面中的控件常量名，选择常量名后点击 < OK > 按钮或直接双击该常量名，即可添加到相应的函数面板中；

图 5 - 11 属性或 UIR 常量选择窗口

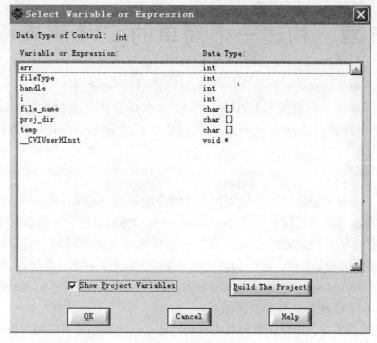：选择变量，其弹出窗口会显示当前源文件中出现的所有变量，如图 5 – 12 所示。

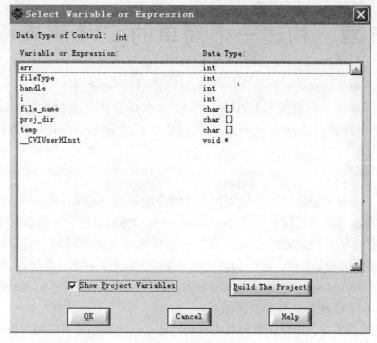

图 5 – 12　变量选择窗口

此外，还有一些按钮可供选择，如下所示：

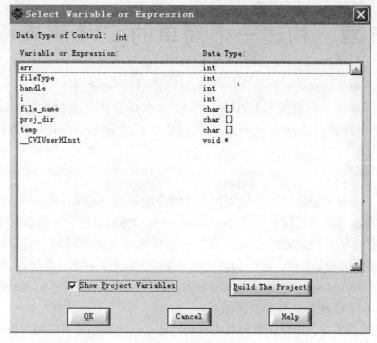：显示当前函数树；

：显示前一函数面板窗口；

：显示后一函数面板窗口。

第6章 构建一个简单的 CVI 测量程序

本章提要：学习如何利用 LabWindows/CVI 编程语言开发虚拟仪器测试程序。学习 LabWindows/CVI 编程的基础知识和基本编程方法，掌握 LabWindows/CVI 编程的基本步骤。

本章通过一个温度显示仪的简单实例，详细介绍如何利用 LabWindows/CVI 构建一个程序。本例实现的功能是在图表控件 Strip Chart 中显示随机数组，在数值控件 Thermometer（温度计）中实时显示当前随机产生（采集）的数据（温度信号）。当信号产生完毕后，显示数组中的最大值和最小值。控件 LED 实时显示当前的开关状态。通过本章的学习，读者可以基本掌握 LabWindows/CVI 的基本编程方法，了解 LabWindow/CVI 编程的基础知识。

LabWindows/CVI 编程的基本步骤如下：

（1）建立工程文件，根据任务所要实现的功能，确定程序基本框架，包括各类控件所需的各类函数；

（2）创建用户图形界面，根据第一步的方案，添加控件、设置控件属性及确定控件的回调函数名；

（3）编辑程序源代码，由计算机自动生成程序代码及回调函数的基本框架，然后向源文件中添加程序代码，完成所要实现的功能；

（4）调试程序和生成可执行文件。

6.1 建立工程文件

本节介绍的功能是建立一个用户界面，并对温度信号进行模拟采集，在 Thermometer 和 Strip Chart 控件中进行显示，并在采集结束后，显示温度的最大值和最小值。

在 LabWindows/CVI 集成开发环境中，单击 File→New→Project（＊.prj）菜单，新建一个空的工程目录，默认名为 Untitled.prj，该工程存储在名为 Untitled.cws 的工作空间中，如图 6-1 所示。

单击工作空间窗口菜单的 File→Save Untitled Project As…，保存新建的工程文件为"温度.prj"。

6.2 创建用户界面文件

大多数情况下，LabWindows/CVI 应用程序都有一个用户交互界面，因而在程序开发过程中需要创建相应的界面文件。选择菜单 File→New→User Interface（＊.uir），创建用户界面文件，LabWindows/CVI 会自动生成带有一个空面板的窗口，如图 6 -2 所示。

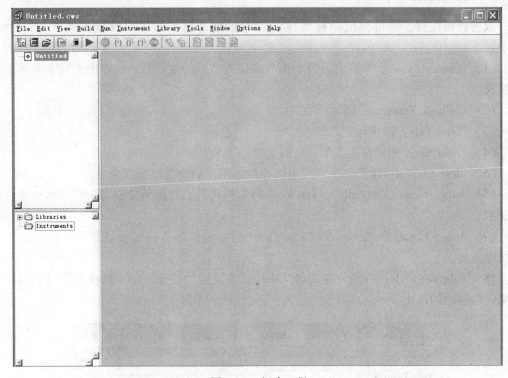

图 6 -1　新建工程

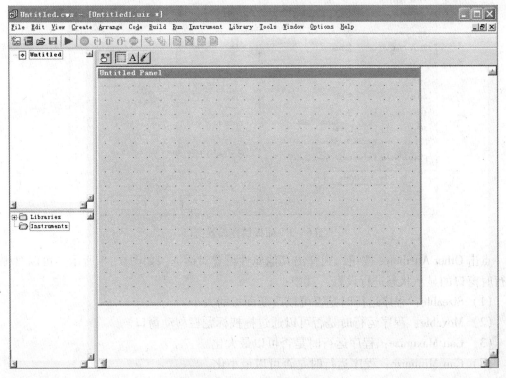

图 6 -2　新建的用户界面窗口

6.2.1　面板的设置

双击面板控件，即可弹出面板属性设置对话框，面板的各项设置如图 6-3 所示，其中：

（1）Constant Name：常量名，每个面板必须有唯一的常量名，一般用大写字母和下划线组成。

（2）Callback Function：回调函数名。

（3）Panel Title：面板标题。

（4）Menu Bar：如果存在菜单，可以选择是否装载。

（5）Close Control：选择一个面板上的控件，用于响应关闭面板命令。

（6）Auto - Center Vertically（when loaded）：选择是否在面板装载时，使用面板垂直居中显示。

（7）Auto - Center Horizontanlly（when loaded）：选择是否在面板装载时，使用面板水平居中显示。

（8）Title Bar Style：有经典方式和 Windows 方式两种选择。在编辑状态下显示用户界面文件标题栏的形式。

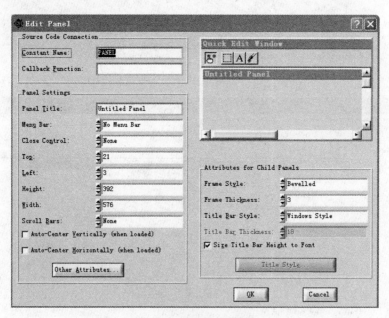

图 6-3　面板属性设置窗口

点击 Other Attributes 按钮，则弹出其他属性设置对话框，如图 6-4 所示，可以对程序运行时窗口的显示状态进行设置，其中：

（1）Sizeable：程序运行时是否可以改变面板的大小。

（2）Movable：程序运行时是否可以通过拖拽标题栏移动窗口。

（3）Can Maximize：程序运行时是否可以最大化。

（4）Can Minimize：程序运行时是否可以最小化。

（5）Title Bar Visible：程序运行时是否使标题栏可见。

（6）Has Taskbar Button：程序运行时是否在任务栏显示按钮。

（7）Conform to System Colors：是否使面板颜色与系统颜色一致。

（8）Scale Contents On Resize：当面板大小改变时，是否使面板上的控件同时按比例改变大小。

（9）Floating Style：面板是否在最前端显示。有三种选择：Never 指从不；When App Is Active 指当程序激活时在最前端显示；Always 指总在最前端显示。

图 6-4　面板其他属性设置窗口

6.2.2　向面板中添加控件

6.2.2.1　创建控件

该程序中有 7 个控件和 1 个仪器面板，其中在仪器面板中包含 5 个显示控件，1 个按钮控件和 1 个开关控件。

（1）从该窗口菜单中，选择 Create→Graph→Strip Chart 创建一个滚屏显示随机温度图表控件。需要注意的是，Graph 控件是整屏显示一组静态数据，而 Strip Chart 是滚屏显示数据的，能够动态添加数据点。

（2）从菜单中选择 Create→Numeric→Thermometer 创建一个显示随机温度的温度计控件。

（3）从菜单中选择 Create→Numeric→Numeric 创建两个用于显示随机温度值的最大值和最小值的控件。

（4）从菜单中选择 Create→BinarySwitch→Vertical Toggle Switch 创建一个开关按钮，用来控制采集的开始和关闭状态。

（5）从菜单中选择 Create→Led→Round Led 创建一个用于显示采集开始和关闭状态的 LED 显示灯。

（6）从菜单中选择 Create→Command Button→Square Command Button 创建一个控制按钮实现退出程序的功能。

这样面板上就会出现 7 个控件，用鼠标拖动各个控件，或选择菜单 Arrange→Alignment，安排好各个控件的摆放位置。编辑好的用户界面控件布局如图 6-5 所示。

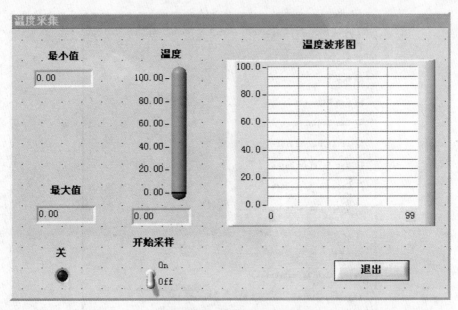

图 6-5 用户界面控件面板

6.2.2.2 设置各个控件的属性

通过上面操作创建的控件，其属性并没有设置。下面需要设置各个控件的属性。各个控件此时的属性都是系统的默认值，需要根据控件所需要完成的具体任务，对各个控件进行设置。控件的设置属性如表 6-1 所示。

表 6-1 控件属性设置表

常量名	控件类型	控件的主要属性
STRIPCHART	Strip Chart	标题：温度波形图
NUMERICTHERM	Thermometer	标题：温度
NUMMERIC	Numeric	标题：最大值 Control Mode：Indicator 类型
NUMMERIC_ 2	Numeric	标题：最小值 Control Mode：Indicator 类型
BINARYSWITCH	Binary Switch	标题：开始采样 回调函数：Acquire
LED	LED	标题：关
COMMANDBUTTON	Command Button	标题：退出 回调函数：Quit

6.3 生成源代码文件

6.3.1 生成全部源代码框架

设置完成用户界面文件后，在用户界面窗口中，点击 Code→Generate→All Code，弹出产生所有代码对话框，如图 6-6 所示。

图 6-6 生成全部代码窗口

首先，要确定程序启动时要显示的面板（Select panels to load and display at startup）。本节实例中只存在一个面板，所以选择该面板作为程序启动时显示的面板。有的用户界面文件中存在多个面板，此时就需要在所需要启动时显示的那个面板名前打"√"标记。

其次，可以在窗口的下半部的 Program Termination 中选择回调函数，用来实现结束程序的功能。用户界面文件中所声明的回调函数均会出现在列表框中。

若选择 Generate WinMain（ ）instead of main（ ）选项，则会产生一个名为 WinMain 的主函数。

按图 6-6 所示设置好后，点击 OK 键，既可在新建的源代码窗口中生成程序框架。生成的源代码如下：

```c
#include  < cvirte. h >
#include  < userint. h >
#include  "温度 . h"

//定义面板句柄变量
static int panelHandle；

//主函数
int main（int argc，char  ∗ argv[ ]）
{
    //初始化 CVI 运行时库
    if（InitCVIRTE（0，argv，0）= = 0）
    //若内存溢出，返回 – 1
        return  – 1；/ ∗  out of memory  ∗ /
    //装载面板，返回面板句柄
    if（（panelHandle  =  LoadPanel（0，"温度 . uir"，PANEL））< 0）
        return  – 1；
    //显示面板
    DisplayPanel（panelHandle）；
    //运行用户界面
    RunUserInterface（）；
    //删除面板
    DiscardPanel（panelHandle）；
    //若程序成功退出，返回 0
    return 0；
}

//回调函数 Acquire
int CVICALLBACK Acquire（int panel，int event，void  ∗ callbackData，
        int eventData1，int eventData2）
{
    switch（event）
      {
        //控件响应的事件
        case EVENT_COMMIT：
        //添加数据采集程序
            break；
      }
    return 0；
}

int CVICALLBACK Quit（int panel，int control，int event，
```

```
            void * callbackData, int eventData1, int eventData2)
    {

        switch (event)
        {
        case EVENT_COMMIT:
        //退出用户界面
            QuitUserInterface (0);
            break;
        }
        return 0;
    }
```

6.3.2 向源代码框架中添加回调函数

在本实例中用到了两个回调函数 Quit 和 Acquire。

6.3.2.1 Quit 回调函数

这个函数所要实现的功能是当按下该按钮时，退出用户界面。根据上节方式产生的回调函数框架，已经自动生成了退出界面的函数 QuitUserInterface（），因此实际上该函数在这种情况下不用填写。

6.3.2.2 Acquire 回调函数

（1）函数功能。开关控件处于 ON 时，使 LED 点亮，且 LED 控件标题变为"开"。在 Strip Chart 上滚动显示 100 个随机产生的温度数值，在温度计 Thermometer 控件中显示即时温度。当温度数值显示完毕后，在最大值和最小值数值控件中，显示所产生的 100 个随机数值中的最大值和最小值。当开关处于 OFF 状态时，将 LED 熄灭，其标题变为"关"，温度计归零。

（2）回调函数源代码

```
    int CVICALLBACK Acquire (int panel, int control, int event,
            void * callbackData, int eventData1, int eventData2)
    {

        static double max, min;
        static int max_index, min_index;
        int i, j, value;

        //定义信号采样数据点数组
        double datapoints[100];
        switch (event)
        {
            //控件所响应的事件
            case EVENT_COMMIT:

                //获得控件值
                GetCtrlVal (panelHandle, PANEL_BINARYSWITCH, &value);
```

```
    if (value = = 1)
    {
        //设置控件值
        SetCtrlVal (panelHandle,PANEL_LED,1);
        SetCtrlAttribute (panelHandle,PANEL_LED,ATTR_LABEL_TEXT,"开");
        for (i = 0; i < 100; i + +)
        {
            //产生随机数
            datapoints[i] = 100 * rand( )/32767.0;

            //延时 0.01 秒
            Delay (0.01);
            SetCtrlVal (panelHandle,PANEL_NUMERICTHERM,datapoints[i]);

            //绘图
            PlotStripChartPoint (panelHandle,PANEL_STRIPCHART,datapoints[i]);
        }

        //获得 1 维数组的最大与最小值
        MaxMin1D (datapoints,100,&max,&max_index,&min,&min_index);
        SetCtrlVal (panelHandle,PANEL_NUMERIC,max);
        SetCtrlVal (panelHandle,PANEL_NUMERIC_2,min);

        //当数据产生完毕后,关闭"开始采样"开关
        SetCtrlVal (panelHandle,PANEL_BINARYSWITCH,0);
        SetCtrlVal (panelHandle,PANEL_LED,0);
        SetCtrlVal (panelHandle,PANEL_NUMERICTHERM,0.00);
        SetCtrlAttribute (panelHandle,PANEL_LED,ATTR_LABEL_TEXT,"关");
    }
    else
    {
        //关闭 LED
        SetCtrlVal (panelHandle,PANEL_LED,0);
        SetCtrlVal (panelHandle,PANEL_NUMERICTHERM,0.00);
        SetCtrlAttribute (panelHandle,PANEL_LED,ATTR_LABEL_TEXT,"关");
    }
    break;
    }
    return 0;
}
```

6.3.2.3　向回调函数框架中插入函数

（1）函数面板。LabWindows/CVI 的一大优点就是自带非常强大的函数库（User Interface Library）。其中包含了用户界面函数库、高级分析函数库等，这给编程带来极大的方便。从 LabWindows/CVI 7.0 开始，在窗口的左下方会出现一个函数树，方便了编程人员查找和调用函数面板。函数面板的作用在于交互式执行函数，不需要在程序里手动添加函数。

进入函数库的方法有两种：一种是点击 Library 菜单选项，即可出现各种库函数；另一种方法是点击窗口的左下方中的函数树。

函数树是以多级结构方式组织的，函数按所实现的功能分为不同的类别。编程者可以选择所需要的函数类别逐级查找。

（2）利用函数面板向框架中添加函数。本实例中所涉及的函数都是基本用户界面函数。这个函数库中含有控制图形化用户界面的一组函数，包括的函数对象有菜单、面板、控件和位图等。

回调函数 Acquire 中首先要判断的是开关控件 Binary Switch 的状态是 ON 还是 OFF。可以利用 GetCtrlVal 和 SetCtrlVal 函数来获得和设置控件的值，当打开 Library→User Interface Library→Controls/Graphs/Strip Charts→General Functions 时，则弹出选择函数面板如图 6 - 7 所示。双击所需函数，则会弹出相应的函数面板。

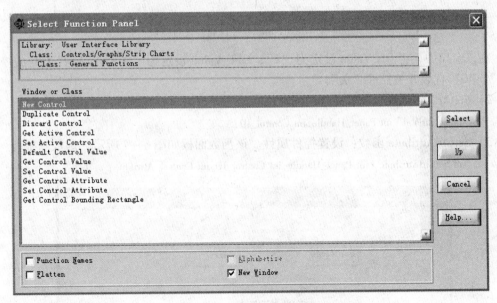

图 6 - 7　选择函数面板窗口

1）GetCtrlVal 函数，获得控件的值。函数原型为：

　　　int GetCtrlVal（int Panel_Handle,int Control_ID,void ＊Value）

其中参数：

Panel_ Handle：面板句柄，该项是在函数 LoadPanel 里设置的；

Contrl_ ID：控件 ID；

＊Value：控件的值，该数据类型与控件本身的数据类型一致。

在执行 GetCtrlVal 后，从 Binary Switch 控件中得到的值有两种可能："0"或是"1"。出现这样的数值是由用户界面中 Binary Switch 控件属性决定的。双击用户界面中的 Binary Switch 控件，弹出 Edit Binary Switch 窗口，如图 6 - 8 所示。

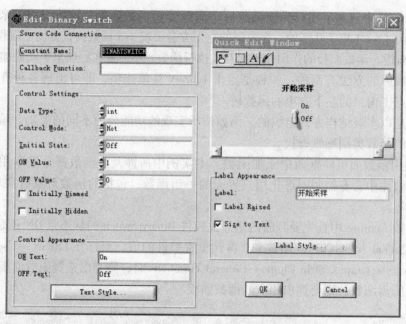

图 6 - 8　Binary Switch 控件属性设置窗口

在该窗口中，将 ON Value 设定为"1"，OFF Value 设定为"0"，"1"代表开关控件"开"，"0"代表开关控件"关"。

2）SetCtrlVal 函数。设置控件的属性值。函数原型为：

　　　int SetCtrlVal（int Panel_Handle，int Control_ID，…）

3）SetCtrlAttribute 函数：设置控件属性。该函数面板如图 6 - 9 所示。函数原型为：

　　　int SetCtrlAttribute（int Panel_Handle，int Control_ID，int Control_Attribute，…）

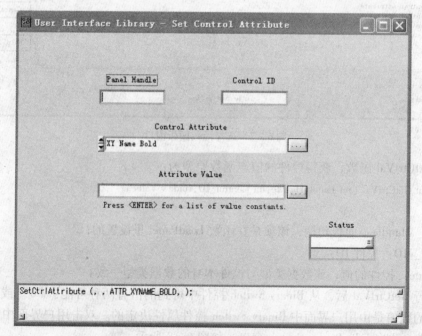

图 6 - 9　SetCtrlAttribute 函数面板窗口

6.4　生成可执行文件

选择菜单 Build→Target Type→Executable 后，可以创建一个可执行文件。选择 Build→Target Setttings，则弹出目标设置对话框，如图 6 - 10 所示。这一对话框中可以设置可执行文件的应用程序图标（Application icon file）、应用程序标题（Application title）、运行时支持库（Run - time support）、版本信息（Version Info …）等。

选择菜单 Build→Create Debuggable Executable，系统会在工程目录下生成一个可执行文件，本实例生成的可执行文件为"温度_ debug. exe"。也可以直接选择菜单 Run→Debug 温度_ debug. exe，则会在程序运行前生成"温度_ debug. exe"。

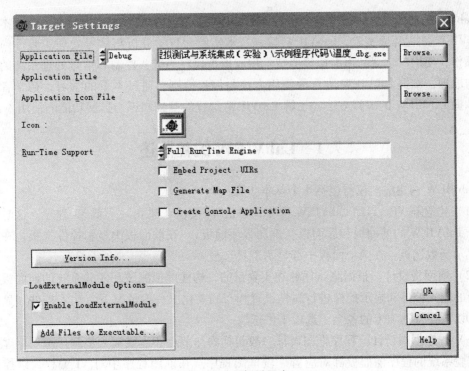

图 6 - 10　目标设置窗口

思 考 题

6 - 1　LabWindows/CVI 如何生成发布版的可执行文件，如何生成安装包?

6 - 2　如何在 LabWindows/CVI 中生成动态链接库文件?

第7章　LabVIEW 基本编程实验

～～～～～～～～～～～～～～～～～～～～～～～～～～～～～～

本章提要：学习 LabVIEW 编程环境实验、LabVIEW 编程技术实验、数学分析与信号处理实验。学习 LabVIEW 语言的使用方法与编程原则，掌握利用图形化语言开发虚拟仪器测试、控制与信号处理系统的基本方法与工作原理。

～～～～～～～～～～～～～～～～～～～～～～～～～～～～～～

　　LabVIEW 功能强大，简单易学，特别适合于参数检测、控制与数据处理实验。本章通过 LabVIEW 编程环境实验、LabVIEW 编程技术实验和数学分析与信号处理实验等内容的实践操作，使用户学会利用虚拟仪器技术构成虚拟仪器测试、控制和信号处理系统的基本方法与原理，掌握 LabVIEW 语言的使用方法与编程原则。通过本章的学习，初学者可以基本掌握 LabVIEW 的编程方法，了解 LabVIEW 编程的基础知识与扩展功能的使用。

7.1　LabVIEW 编程概述

　　LabVIEW 构建虚拟仪器包括 4 个基本步骤：

　　（1）建立新 VI。启动 LabVIEW 程序，单击 VI 按钮，建立一个新 VI 程序。这时将同时打开 LabVIEW 的前面板和后面板（框图程序面板）。在前面板中显示控件选板，在后面板中显示函数选板。在两个面板中都显示工具选板。

　　（2）前面板设计。根据测试任务和实验目的，构建虚拟测试和实验系统的前面板。对前面板的输入控件和显示控件进行属性设置和布局美化。一般情况下，输入控件和显示控件都可以从控件选项卡的各个子选项卡中选取。

　　（3）程序框图设计。程序框图设计一般包括添加节点和连线两大步骤。每一个虚拟仪器或实验系统的程序前面板都对应着一段框图程序。在框图程序中对 VI 编程，以控制和操纵定义在前面板上的输入和输出功能。节点的添加需切换到框图程序设计面板，通过函数选板（Functions）添加节点。连线则如前所述，是通过工具箱中的连线工具，将所有的节点连接起来，构建一个有机的软件系统。

　　（4）项目的生成与程序打包。LabVIEW 的项目用于集合 LabVIEW 文件和非 LabVIEW 文件、创建程序生成规范以及在终端部署或下载文件。保存项目时，LabVIEW 将创建一个包含在该项目中的文件引用、配置、构建和部署等信息的项目文件（.lvproj）。应用程序和共享库必须通过项目创建。必须通过 LabVIEW 项目在 RT、FPGA、PDA、Touch Panel、DSP 或嵌入式终端上操作。项目的创建、修改等操作都是在项目浏览器里进行的。

7.1.1　项目浏览器窗口

　　项目浏览器窗口用于创建和编辑 LabVIEW 项目。选择"文件"→"新建项目"，即可打开项目浏览器窗口。也可选择"项目"→"新建项目"或从新建对话框中选取项目打开项目浏览器窗口。

项目浏览器窗口包括两页：项和文件。项将项目中的项在项目树的视图中显示。文件页显示在磁盘上有相应文件的项目项。在该页上可对文件名和目录进行管理。文件中对项目进行的操作将影响并更新磁盘上对应的文件。右键单击终端下的某个文件夹或项，并从快捷菜单中选择在项视图中显示或在文件视图中显示并可在这两个页之间进行切换。

默认情况下，项目浏览器窗口包括以下各项：

（1）项目根目录：包含项目浏览器窗口中所有其他项。项目根目录的标签包括该项目的文件名。

（2）我的电脑：表示可作为项目终端使用的本地计算机。

（3）依赖关系：用于查看某个终端下 VI 所需的项。

（4）程序生成规范：包括对源代码发布编译配置以及 LabVIEW 工具包和模块所支持的其他编译形式的配置。如已安装 LabVIEW 专业版开发系统或应用程序生成器，可使用程序生成规范配置独立应用程序（EXE）、动态链接库（DLL）、安装程序及 Zip 文件。

可隐藏项目浏览器窗口中的依赖关系和程序生成规范。如将上述二者中某一项隐藏，则在使用前，如生成一个应用程序或共享库前，必须将隐藏的项恢复显示。

在项目中添加其他终端时，LabVIEW 会在项目浏览器窗口中创建代表该终端的项。各个终端也包括依赖关系和程序生成规范，在每个终端下可添加文件。

可将 VI 从项目浏览器窗口中拖放到另一个已打开 VI 的程序框图中。在项目浏览器窗口中选择需作为子 VI 使用的 VI，并把它拖放到其他 VI 的程序框图中。

7.1.2 生成可执行程序

利用前面所述的方法，将项目文件添加到项目文件夹下，并设置好启动文件等内容。在操作过程中，应注意将程序加载后的第一个 VI 应移至"启动 VI"选框中，其他在程序运行中需要调用的 VI 加载至"始终包括"选框中。然后点击生成按钮，程序开始编译运行，生成可执行文件，当然，如需要，也可以生成安装文件等。

7.2 LabVIEW 编程环境实验

7.2.1 实验目的

（1）熟悉 LabVIEW 的编程环境。

（2）掌握 VI 程序三个要素：前面板、框图程序和图标/连接器的使用方法。

7.2.2 实验类型

实验属于验证型。

7.2.3 实验仪器

微型计算机、LabVIEW 8.5 虚拟仪器开发软件。

7.2.4 实验原理

使用 LabVIEW 开发平台编制的程序称为虚拟仪器程序，简称为 VI。VI 包括三个部分：程序前面板、框图程序和图标/连接器。

程序前面板用于设置输入数值和观察输出量，用于模拟真实仪表的前面板。在程序前面板上，输入量被称为控制（Controls），输出量被称为显示（Indicators）。控制和显示是以各种图标形式出现在前面板上，如旋钮、开关、按钮、图表、图形等，这使得前面板直观而易懂。

每一个程序前面板都对应着一段框图程序。框图程序用 LabVIEW 图形编程语言编写，可以把它理解成传统程序的源代码。框图程序由端口、节点、图框和连线构成。其中端口是被用来与程序前面板的输入控件和显示控件传递数据的，节点被用来实现函数和功能调用的，图框被用来实现结构化程序控制命令的，而连线代表程序执行过程中的数据流，定义了框图内的数据流动方向。

7.2.5 实验内容

编写 VI，完成虚拟信号频谱分析仪的设计。

此程序目的是熟悉前面板、框图程序和图标/连接器的使用方法。程序的前面板和框图如图 7 - 1 所示。要求利用所提供的 FFT 子 VI，完成频谱分析仪的设计。

7.2.6 基本实验步骤

（1）运行 LabVIEW 8.5，进入 LabVIEW 8.5 的编程环境。

（2）前面板设计。前面板是用户界面，由输入、输出控制和显示器三部分组成。控制器是用户输入数据到程序的方法，而显示器显示程序产生的数值。控制器和显示器有许多种类，可以从控制选板的各个子选板中选取。

（3）程序框图设计。程序框图是图形化的源代码，是虚拟仪器测试功能软件的图形化表述。程序框图由节点、端口和连线组成。LabVIEW 8.5 的函数选板中提供了大量的功能函数，可用 LabVIEW 的工具，在各个函数子选板中取用所需的函数，排列到程序窗口的合适位置。

（4）数据流编程。数据流编程就是连线操作。程序框图中对象的数据传输通过连线实现，可利用工具选板中的连线工具连接输入控件端口、显示控件端口及函数的接线端，实现数据流编程。

（5）调试虚拟仪器。可利用 LabVIEW 提供的调试环境对设计的 VI 进行调试和运行。LabVIEW 提供了单步执行、断点、运行、探针工具等调试方法。

（6）保存文件。将设计好的 VI 命名并保存为 VI 文件。

7.2.7 实验要求

（1）掌握虚拟仪器技术理论知识。

（2）熟悉软件设计过程，初始分析规划设计，完成 VI 设计。

（3）能解决设计过程中出现的一般问题，具有一定调试能力。

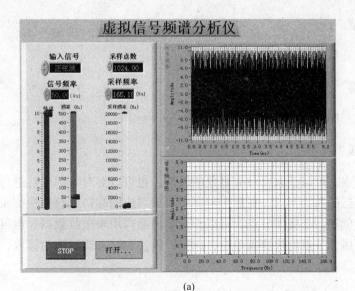

(a)

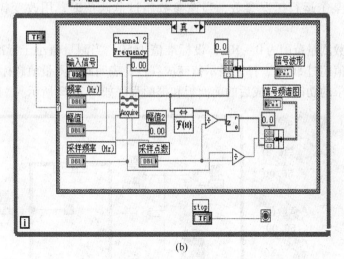

(b)

图 7－1 虚拟信号频谱分析仪

（a）前面板；（b）框图程序

（4）能分析运行结果，并得到正确结果。

（5）记录实验过程，完成实验报告。

7.3 LabVIEW 基本编程技术

7.3.1 实验目的

（1）掌握 LabVIEW 扩展编程技术中属性节点的使用方法。

（2）能够运用 LabVIEW 编程技术独立开发信号测试的程序。

7.3.2 实验类型

实验属于验证型。

7.3.3 实验环境

微型计算机、LabVIEW 软件。

7.3.4 实验原理

利用属性节点，可以获取所对应对象的属性，也可以对对象的属性进行修改。不同的对象，属性中包括的内容不同。在框图程序中对象对应的端口处打开快捷菜单，选择：创建→属性节点，创建一个属性节点，可以作为输出端口用来接收数据；也可以作为输入端口发出数据。在属性节点的快捷菜单中，选择：转换为写入或转换为读取，可以改变属性节点的读写属性。

7.3.5 实验内容和实验步骤

用棒图监测某个运行工况参数，当该参数超过危险值时，用改变棒图颜色来进行提示。

要求上述参数测量范围为 0 ~ 100，设标准值为 50，当测量值小于标准值时，棒图颜色为蓝色，测量值超过 50 时，棒图显示值变成红色，表明此时测量值超标。

根据题目要求的功能，完成后的前面板和框图程序如图 7 - 2 所示。

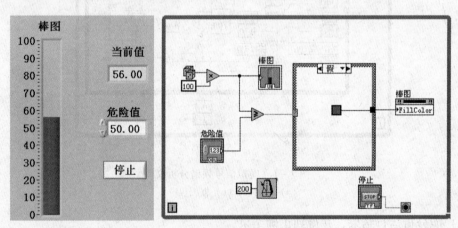

图 7 - 2　改变棒图颜色显示参数超过危险值

具体步骤包括：

（1）创建棒图的属性节点。程序框图中将选择工具放在棒图上，右击鼠标弹出菜单，选择：创建→属性节点→填充颜色选项，此时在程序框图中产生一个属性节点。

（2）由于该属性节点用以控制棒图的显示颜色，因而还需对该属性节点读写属性进行调整。创建该属性节点的目的是要改变棒图的填充属性，而不是要读取棒图颜色属性值，因而在属性节点弹出菜单中选择：转换为读取选项。

（3）条件结构框是执行测量值大于 50 时的显示，即棒图要求显示红颜色，因而需要将一个红颜色的颜色盒常数连到属性节点上。

1）条件结构为真时在其中放置颜色盒，打开：编程→函数→对话框与用户界面窗口，将颜色盒常量放入。

2）利用色彩填充工具将颜色盒常量的颜色改成红色。

3）用连线工具将颜色盒常量与属性节点连接。

按照上述同样步骤填充条件结构为假时结构框中的执行内容，区别是颜色框中为蓝颜色。

7.3.6 实验重点

（1）注意如何创建一个属性结点。

（2）注意属性节点的读写属性及如何修改。

7.4 结构与属性控制

7.4.1 实验目的

（1）熟练掌握 LabVIEW 中 For 循环、While 循环及条件结构等的编程与使用。

（2）进一步加深 LabVIEW 中属性节点的编程与使用方法的掌握。

7.4.2 实验类型

实验属于验证型。

7.4.3 实验环境

微型计算机、LabVIEW 软件。

7.4.4 实验原理

7.4.4.1 For 循环、While 循环及条件结构

For 循环是 LabVIEW 最基本的结构之一，它执行指定次数的循环。相当于 C 语言的 For 循环。LabVIEW 中 For 循环可从框图功能模板的函数→结构子模板中创建。

当循环次数不能预先确定时，就需要用到 While 循环。它也是 LabVIEW 最基本的结构之一。相当于 C 语言的 While 循环和 do 循环。LabVIEW 中 While 循环可从框图功能模板的函数→结构子模板中创建。

条件结构也是 LabVIEW 最基本的结构之一。相当于 C 语言的 switch 语句。LabVIEW 中条件循环结构可从框图功能模板的函数→结构子模板中创建。

7.4.4.2 属性节点的创建与使用

前面板对象属性是指前面板上控件的外观和功能特征，如显示的颜色、可见性、闪烁、位置、比例等。

属性节点的创建方法是在前面板对象或其端口的右键弹出菜单中选择：创建→属性节点。

属性类型的选择，单击属性节点，在弹出菜单中的属性节点下，列出了对象的所有属性。增加多种属性可采用拖动方法或添加元素的方法。

7.4.5　实验内容和要求

（1）产生 100 个 0.0～100.0 的随机数，求其最小值、最大值、平均值，并将数据在波形图控件中显示。

（2）产生 0.0～100.0 的随机数序列，求其最小值、最大值、平均值。并将随机数序列和平均值序列显示在波形图表控件中，直到人为停止。

提示：$\overline{A_n} = \overline{A_{n-1}} + \dfrac{1}{n}(A_n - \overline{A_{n-1}})$，$\overline{A_n}$ 是前 n 个数据的平均值。

7.5　全局变量的设计与应用

7.5.1　实验目的

（1）掌握 LabVIEW 语言中全局变量的概念与用法。
（2）掌握 LabVIEW 程序中子 VI 的调用和数据交互技术。

7.5.2　实验类型

实验属于设计型。

7.5.3　实验环境

微型计算机、LabVIEW 软件。

7.5.4　实验原理

7.5.4.1　全局变量与局部变量的概念

局部变量和全局变量是 LabVIEW 用来传递数据的工具。LabVIEW 编程是一种数据流编程，它是通过连线来传递数据的。但是如果一个程序太复杂的话，有时连线会很困难甚至无法连线，这时就需要用到局部变量。另外，需要在两个程序之间交换数据时，靠连线的方式是无法实现的，在这种情况下，就需要使用全局变量。

全局变量和局部变量不同之处在于，全局变量可在不同 VI 之间进行数据传递。全局变量是内置的 LabVIEW 对象。创建全局变量时，LabVIEW 将自动创建一个前面板但无程序框图的特殊全局 VI。向该全局 VI 的前面板添加输入控件和显示控件可定义其中所含全局变量的数据类型。

7.5.4.2　全局变量的创建步骤

（1）新建一个 VI，从函数选板的结构子选板中选择一个全局变量，将其放置在程序框图中。

（2）使用操作工具双击全局变量节点，会自动打开全局变量 VI 的前面板，然后在前面板上放置所需的输入控件或显示控件对象。

（3）保存全局变量文件。方法是在主菜单中选择"文件（F）"→"保存（S）"。然后关闭全局变量的前面板窗口。

（4）使用操作工具单击第一步所创建的全局变量图标，或在其上右击弹出快捷菜单选择"选择项"，弹出的子菜单列出了全局变量所包含的所有对象的名称，根据需要选择相应的对象。

7.5.4.3 调用方法

（1）在 VI 的功能模板上选择"选择 VI…"，选择所需文件，单击确定按钮，在程序框图中放置这个全局变量。

（2）右击全局变量节点，在弹出的快捷菜单上选取"选择项"，在列出的所有变量对象中选择所需对象。

（3）若在一个 VI 中需要使用多个全局变量，可使用拷贝和粘贴全局变量的方法实现全局变量的复制。

7.5.5 实验内容与步骤

要求使用全局变量向与它联系的前面板上的电压表控件写数据，也可以从电压表控件读取数据。

前面板设计一个控制停止按钮，程序框图如图 7-3 所示，信号由随机函数产生，使之每 100ms 产生 1 个 0～100 的随机值，结果传到一个全局变量，由其他 VI 调用后显示。全局变量为一仪表指示控件，如图 7-4 所示，标尺在 0～100 间指示。

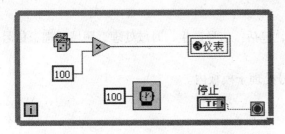

图 7-3 产生信号的程序框图

图 7-4 全局变量前面板

设计另一个 VI，设计前面板如图 7-5 所示，显示电压表控件，同时显示数字控件，并旋转停止按钮。其程序框图如图 7-6 所示。

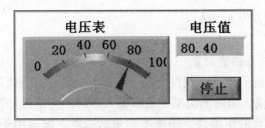

图 7-5 另一 VI 的前面板

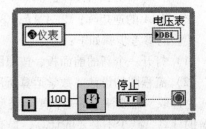

图 7-6 程序框图

设计多个 VI，调用同一全局变量，运行并验证结果。

7.5.6 实验要求与结果分析

（1）分析运行结果，并得到正确结果。

（2）记录实验过程，完成实验报告。

7.6 数学分析与信号处理基本实验

7.6.1 实验目的

（1）学会 LabVIEW 中各种数学分析节点的编程与使用。

（2）学会 LabVIEW 中典型数字信号处理节点，如信号发生、谱分析节点等的编程与使用。

7.6.2 实验环境

微型计算机、LabVIEW 软件。

7.6.3 实验原理

7.6.3.1 数学分析节点

LabVIEW 提供了一些数学运算节点，包括：公式节点、估计、微积分运算、线性代数、曲线拟合、数理统计、最优化方法、寻根和数值节点等。

这些节点位于功能模板的函数→数学子模板内。

7.6.3.2 信号处理节点

LabVIEW 提供了一些信号处理节点，包括：信号产生、时域处理、频域处理、信号测量、数字滤波和窗函数等节点。

这些节点位于功能模板的函数→信号处理子模板内。

7.6.4 实验内容与步骤

7.6.4.1 数学分析

已知，$A = \begin{vmatrix} 22 & 2 & 1 \\ 1 & 4 & 1 \\ 0.1 & 1.0 & 2.0 \end{vmatrix}$，$b = \begin{vmatrix} 10 \\ 8 \\ 10 \end{vmatrix}$。

求：① A 的逆矩阵；② $A \times b$；③ 解方程 $A_x = b$。

实验的参考步骤如下：

（1）打开一个新的前面板，按照图 7-7 创建对象。

（2）流程图的设计。数学运算所用到的节点均在线性代数子选板上，实验时直接从该选板上选取。需要注意的是，矩阵类型是输入矩阵的类型。了解输入矩阵的类型可加快向量解的计算，减少不必要的计算，提高计算的正确性。矩阵类型包括 4 类，即通用矩阵、正定矩阵、上三角阵和下三角阵，实验时根据输入矩阵的类型选择最合适的类型可以提高运算效率和准确度。本实验的程序框图如图 7-8 所示。

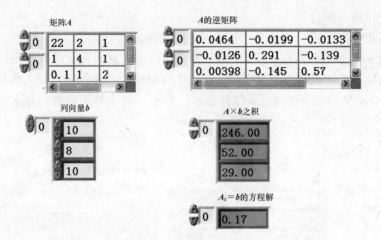

图7-7　数学实验的前面板

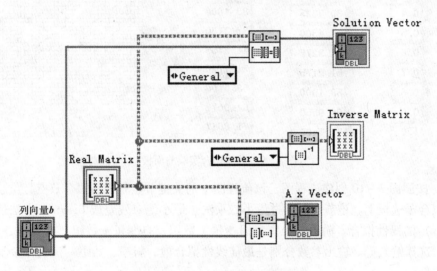

图7-8　数学实验的程序框图

7.6.4.2　信号处理

对某压力传感器进行标定，得到如下检定数据：

序号	x	y	序号	x	y
1	0	2.8100	7	0.6	44.3275
2	0.1	9.7550	8	0.7	51.2175
3	0.2	16.6925	9	0.8	58.1000
4	0.3	23.5975	10	0.9	64.9550
5	0.4	30.5325	11	1.0	71.7400
6	0.5	37.4300			

对数据进行线性拟合。

实验参考步骤如下：

（1）打开一个新的前面板，按照图 7 – 9 创建对象。前面板上的波形图控件用点状图和连线图显示拟合后的点和原始数据曲线，两个数组输入控件供用户输入传感器的检定数据，y 值的拟合结果用一个数组显示控件显示，截距、斜率等用数值型显示控件在前面板上显示。

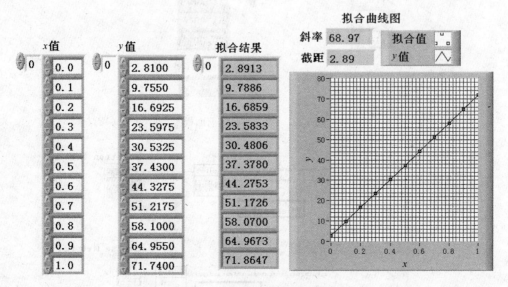

图 7 – 9　数据拟合实验前面板

（2）按照图 7 – 10 创建流程图，该流程图上的关键节点是线性拟合节点，位于函数选板下的拟合子选板上。该节点可通过最小二乘法、最小绝对残差或 Bisquare 方法返回数据集（x，y）的线性拟合。输入量分别是因变量 y 数组、自变量 x 数组、权重值、容差值、拟合方法选择输入等。输出参数分别是最佳线性拟合值、斜率、截距、错误和参差等。

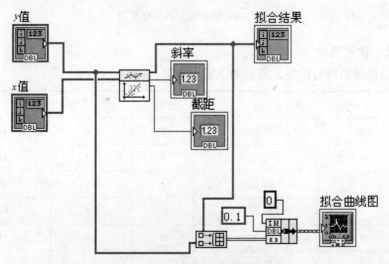

图 7 – 10　数据拟合实验程序框图

7.6.5　实验要求与结果分析

（1）写出上述两个实验的步骤要点，并附上运行时的前面板和程序框图；

（2）改变数据后，重新进行运算处理。

7.7　功率谱分析实验

7.7.1　实验目的

（1）掌握功率谱节点的编程与使用方法；

（2）掌握窗函数节点的编程与使用方法；

（3）学会数字滤波器节点的编程与使用方法。

7.7.2　实验环境

（1）软件：中文 Windows XP、LabVIEW 8.5；

（2）硬件：微型计算机。

7.7.3　实验原理

7.7.3.1　数字滤波器

数字滤波是以数值计算的方法来实现对离散化信号的处理，以减少干扰信号在有用信号中所占的比例，从而改变信号的质量，达到滤波或加工信号的目的，常用于改变信号的频率成分。常用的数字滤波器包括：有限脉冲响应滤波器（FIR）、无限脉冲响应滤波器（IIR）和非线性滤波器等。传统的滤波器分类方法是依据滤波器的脉冲响应来划分。

数字滤波器具有精度高、稳定性好、灵活性强、处理功能强等特点。滤波器类型选择时，通常在低通、高通、带通或带阻滤波器中选择一个类型，并需要进行截止频率的确定，对低通滤波器，只需确定上截止频率，高通滤波器只需确定下截止频率，对带通及带阻滤波器应确定上、下限截止频率。滤波器阶数越高，其幅频特性曲线过渡带衰减越快。

7.7.3.2　频谱分析

通常是指把时间域的各种动态信号通过傅里叶变换转换到频率域进行分析。频谱分析中应注意信号的频谱混叠、泄漏效应和栅栏效应等。

7.7.3.3　窗函数

主要功能是从频率接近的信号中分离出幅值不同的信号。

7.7.4　实验内容与步骤

设计要求用两个信号产生函数仿真两个频率较接近但幅值相差较大的正弦波，将它们合成为一组信号后，一路直接做功率谱分析，另一路进行加窗处理，再对加窗后的信号作功率谱分析，信号分析的结果在同一个波形控件中显示。实验要用到信号处理选板中的窗选板、谱分析选板和滤波器选板中的相应节点。

实验参考步骤如下：

（1）打开一个新的前面板，按照图 7 – 11 创建前面板上的各个对象。前面板上的波形图控件分别用来显示原始正弦信号和功率谱信号。

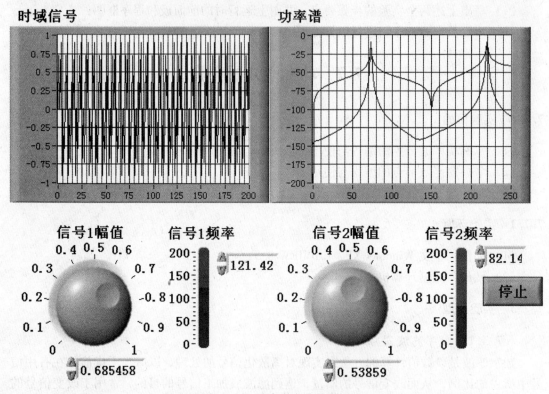

图 7 – 11　功率谱实验前面板

（2）按照图 7 – 12 创建流程图。该流程应用了两个正弦波形产生函数用来生成原始的正弦波形。窗函数用来对信号进行加窗处理，然后用功率谱函数进行功率谱的计算处理，最后经对数转换后输入到功率谱显示控件。

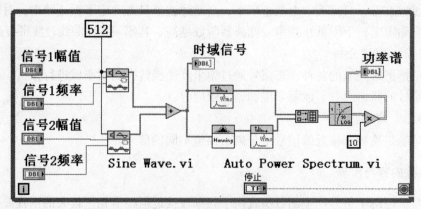

图 7 – 12　功率谱实验程序框图

7.7.5　实验要求

（1）熟悉软件设计过程，初始分析规划设计，完成 VI 设计。

（2）能解决设计过程中出现的一般问题，具有一定调试能力。

（3）能分析运行结果，并得到正确结果。

（4）记录实验过程，完成实验报告。

7.7.6 结果分析

（1）写出上述程序的各个步骤的要点，并附上实验程序前面板与程序框图。

（2）输入不同的幅值和频率参数，运行程序并观察结果。

（3）分析结果，总结设计与运算的异同。

思 考 题

7-1 VI 中的三个模板是什么？简述其各自的功能。

7-2 在前面板和程序框图中，如何区分控制器和指示器？

7-3 调试 VI 的一般方法有哪些？

7-4 编制一个较大程序完成下面全部功能：

（1）在一个条件循环结构采集一个值的范围在 0~100 之间随机数，并把采集结果实时显示在波形图表中，要求每隔 200ms 采集一个数据，且控制条件循环停止的开关状态，要满足运行 VI 程序时不必每次都重新打开该开关。

（2）采集过程结束后，使用波形图显示数据曲线，同时在平均、最大和最小数字显示栏中显示出数据的平均值、最大值和最小值。

（3）检测数据是否超出范围，当数据超出上限（High Limit）时，前面板上的指示灯亮起，并且有一个蜂鸣器发声响。同时在采集过程结束后，另增加一个波形图显示控件，同时显示温度报警上限和数据曲线，尽可能修改图形坐标使曲线图显示更合理。

7-5 编写虚拟仪器程序，测试自己在前面板输入以下字符串所用的时间："A virtual instrument is a program in the graphical programming language."。

7-6 编写虚拟仪器程序，实现是否可视、可用、焦点状态、闪烁、位置及对象尺寸等属性。

7-7 掌握 LabVIEW 中各种数学分析节点的编程与使用。

7-8 掌握 LabVIEW 中典型数字信号处理节点如信号发生、谱分析节点等的编程与使用。

7-9 用集成信号发生节点分别产生正弦波、余弦波、三角波、方波、锯齿波、上升斜波和下降斜波。要求：

（1）用"○"显示采样点；

（2）设信号频率为 60，采样频率为 1000，若采样点数为 50、150、250 时观察出现了几个周期；

（3）采样点数保持 100，信号频率分别为 10、20、40 时出现了几个周期；

（4）信号频率为 20，采样点数保持 100，采样率分别变为 500、1000、2000，理解其结果。

7-10 对 7-9 题信号进行 FFT 谱分析，观察不同情况下频谱结果。

7-11 LabVIEW 语言中有多种信号产生函数，试分析波形生成 VI 和信号生成 VI 两个函数选板上正弦信号生成函数的不同，各有什么特点？

第8章 数据采集卡配置及应用

~~~~~~

本章提要： 学习利用 LabVIEW 编写数据采集程序、数据采集卡的配置方法以及软硬件的集成原理。学习 DAQ 通道的概念、采集参数的配置、管理和控制数据采集以及信号处理任务的方法。

~~~~~~

LabVIEW 语言提供了丰富的数据采集、信号分析以及功能强大的 DAQ 助手，搭建数据采集系统和虚拟仪器系统更为轻松，便于用户直接使用数据采集卡、总线仪器和模块化仪器等各种硬件。由于采用数据流模型，LabVIEW 能够自动规划多线程任务，充分利用微机系统处理器的能力、微机板载总线和数据采集卡的处理与采集能力。本章介绍了 LabVIEW 设置数据采集系统所涉及的 DAQ 通道和相关配置参数等，通过硬件系统配置、软件系统构建等实验，帮助用户学习构建采集卡硬、软件系统、管理和控制数据采集与信号处理任务。

8.1　实验目的

（1）了解 NI DAQCard – 6024E 数据采集卡的功能；
（2）掌握如何设置 DAQ 通道；
（3）学习使用 VI 程序控制 NI DAQCard – 6024E 卡进行数据采集。

8.2　实验环境

（1）软件：中文 Windows XP、LabVIEW 8.5；
（2）硬件：微型计算机、数据采集卡 NI DAQCard – 6024E、BNC – 2120 信号接口端子板。

8.3　实验原理

8.3.1　NI DAQCard – 6024E 数据采集卡

8.3.1.1　NI DAQCard – 6024E 卡的安装

NI DAQCard – 6024E 卡将作为本次实验的数据采集卡，VI 程序通过它来实现虚拟仪器的输入输出功能。NI DAQCard – 6024E 卡是基于 32 位 PCI 总线的高性能、多功能的数据采集卡。它有 16 个单端输入或 8 个差分模拟输入，2 路独立的 DA 输出通道，24 条与 TTL 兼容的数字 I/O，3 个用于 I/O 定时的 16 位计数/定时器。

将 NI DAQCard－6024E 数据采集卡插到笔记本计算机的 PCMCIA 插槽中，接好各种附件，包括一条 50 芯的数据线和 BNC－2120 接线端子板。

8.3.1.2　NI DAQCard－6024E 卡 I/O 配置

NI DAQCard－6024E 卡同 NI 公司的绝大部分数据采集卡一样是即插即用型的设备，硬件正确安装后，如果机器安装了 LabVIEW 和 NI－DAQ，就会出现在 Measurement & Automation Explorer 的设备和接口列表中。

在设备名 NI DAQCard－6024E 上单击右键，选择：属性，就会出现采集卡的配置对话框配置包括系统（System）、模拟量输入（AI）、模拟量输出（AO）、附件（Accessory）、OPC 和远程控制（Remote Access）五个部分的设置。

8.3.1.3　NI DAQCard－6024E 卡数据采集及通道配置

（1）数据采集函数模块 DAQ 助手。在 LabVIEW 中有现成的数据采集模块，打开 LabVIEW 在框图程序窗口中单击鼠标右键，弹出功能函数列表，在函数列表中找出"DAQ 助手"函数模块，其查找路径为"测量 I/O→DAQmx 数据采集→DAQ 助手"。此函数模块可作为数据输入函数也可作为数据输出函数，其输入/输出功能在配置时设定。

（2）通道配置。把"DAQ 助手"函数模块拖放到后面板中，它就会自动进行初始化然后会弹出一个"新建 Express 任务…"对话框如图 8－1 所示。其中"采集信号"为输入信号，"产生信号"为输出信号，如果选择采集信号下拉菜单下的"模拟输入"则配置的"DAQ 助手"为数据输入模块，即对外部信号进行采样。如果选择产生信号菜单下的"模拟输出"则配置的"DAQ 助手"为数据输出模块，即对外部设备输出模拟信号。

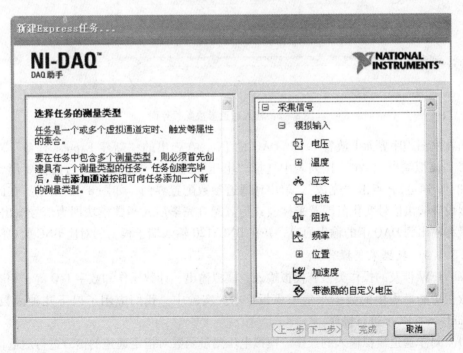

图 8－1　通道配置对话框

选择"模拟输入"，在下拉列表中选择"电压"进行电压配置，然后选择要用到的通道，如（0 通道），点击"完成"。就出现通道参数配置界面，如图 8－2 所示。设置完毕后点击"确定"按钮。在此界面中可以设置输入信号变化范围及采样模式等。配置完毕后此函数模块即为信号采集模块。

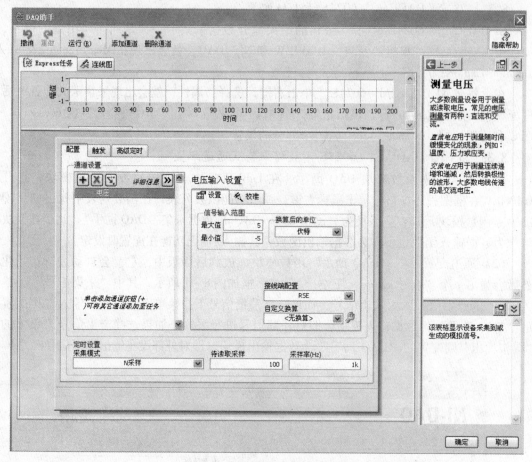

图 8-2　输入通道参数配置界面

再在框图程序界面上放置一个"DAQ 助手",在弹出的"新建 Express 任务"对话框中选择"模拟输出",在下拉列表中选择"电压"进行电压配置,然后选择要用到的通道,如(0 通道),点击"完成"。就出现通道参数配置界面,如图 8-3 所示。在此界面中可以设置输出信号变化范围及采样模式等。配置完毕后此函数模块即为信号输出模块,信号最终输出到 DAQ 卡的输出通道,并在 BNC2120 输入端子板上的对应 BNC 接口输出。

8.3.1.4　数据采集操作

LabVIEW 涉及的操作类型有模拟输入,模拟输出,计数操作和数字 I/O 等,相应的操作函数在功能模板中的数据采集子模板。本次实验中,我们应用了以下几种函数对 NI DAQCard-6024E 卡进行操作。

(1)对单通道模拟输入的操作。模拟电压测量函数对指定通道的信号进行测量,每次只采集一个点并返回测量的电压。模拟波采样函数对指定通道的信号以规定的采样速度,采样点数目进行采样,输出参数是以伏为单位的模拟输入信号的一维数组。

(2)对多通道模拟输入的操作。模拟波采样函数是以规定的扫描速率对多路通道进行

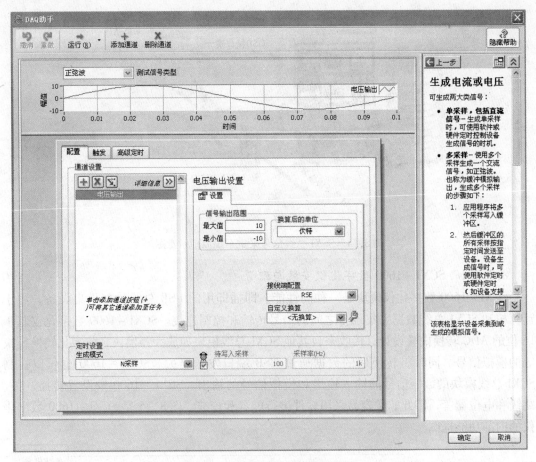

图 8 – 3　输出通道参数配置界面

采样，并返回采样到的数据。输出参数是以伏特为单位的模拟输入数据的二维数组。第一通道的数据存放于 0 列，第二通道的存放于 1 列，依此类推。

（3）对模拟输出的操作。模拟波输出电压函数给模拟输出通道写入一个规定的电压值。模拟波输出波形函数以指定的更新速度在模拟输出通道产生一个电压波形。输出参数是一维数组，它包括将写入模拟输出通道的以伏特为单位的数据。

8.3.2　SCXI 总线数据采集系统

SCXI（Signal Conditioning eXtension for Instrumentation）总线是 NI 公司推出的一种信号调理总线标准，它是一种用于测试和控制系统的、高性能信号调理和仪器系统结构。SCXI 总线具有严格的标准化和广泛的兼容性，易于模块化设计，并能在恶劣的工业环境中可靠运行，因而完全能够胜任智能化测控任务，并符合模块化、标准化、结构化的开放式系统设计思想。SCXI 总线是专为测控场合设计的信号调理总线。其方便、可靠且价格低廉。既可作为前端信号调理系统，还可以独立的成为一个数据采集系统。

SCXI 总线信号采集系统的基本元件有：调理模块、机箱、连接组件、数据采集设备以及软件等。SCXI 系统的基本原理框图如图 8 – 4 所示。

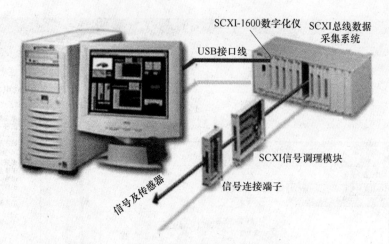

图 8 - 4　SCXI 总线信号采集系统原理示意图

8.3.2.1　SCXI - 1600 数字化仪安装与配置

SCXI - 1600 数字化仪模块是一种高性能、即插即用的 USB 总线数据采集设备，用于计算机和 SCXI 总线数据采集设备之间的信号传输和控制连接。SCXI - 1600 数字化仪基于 16 位的 ADC 转换内核设计，接收来自其他 SCXI 总线模块如放大器模块、数字化转换模块等的模拟信号，同时将转换后的数据通过 USB 端口发送出去。SCXI - 1600 也可以控制 SCXI 总线模块的数字信号的输入输出和模拟信号的输出。SCXI - 1600 未设置转换开关、跳线和电位器等，因此非常容易采用软件进行配置和校准。图 8 - 5 是 SCXI - 1600 数字化仪的内部功能框图。

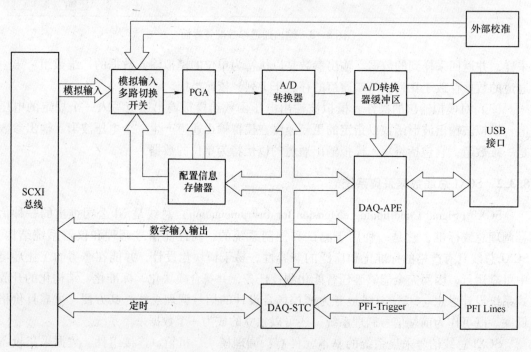

图 8 - 5　SCXI - 1600 的功能框图

SCXI - 1600 数字化仪的一般安装过程如下：

（1）参照图 8 - 4，将 SCXI - 1600 模块插入 SCXI - 1000 信号调理机箱，拧紧前面板的两个固定螺钉；

（2）检查并安装或连接 SCXI 总线测试系统所需的各种附件，如电源线、USB 接口线、信号连接端子等，最后将计算机和 SCXI - 1600 数字化仪用 USB 信号电缆连接起来；

（3）安装所需的各种信号调理卡，注意的安装时必须保证 SCXI 信号调理箱的电源处于断开状态；

（4）连接好传感器和其他的外接信号线等；

（5）打开 SCXI - 1000 信号调理机箱的电源；

（6）启动 Measurement & Automation Explorer（MAX）硬件配置程序（参见图 8 - 6），系统自动配置 SCXI - 1000 信号调理箱、SCXI - 1600 数字化仪和其他的信号调理模块。如果系统没有自动检测到信号调理模块，则点击"NI SCXI - 1000'SC1'"选项，在弹出菜单中选择属性，出现"SCXI 机箱配置"界面，如图 8 - 7 所示，点击"自动检测所有模块"命令按钮，系统即可识别新插入的信号调理模块，其中信号调理模块的附件如信号连接端子等部件需手工配置，其配置界面如图 8 - 8 所示；

（7）利用 MAX 所提供的测试功能，对 SCXI 信号调理系统进行检测，具体操作为：首先选定检测模块，再点击"测试面板"工具条，弹出"测试面板"窗口，在该窗口上点击"开始"命令按钮，显示测试曲线，据此判断该模块的工作情况，如图 8 - 9 所示；

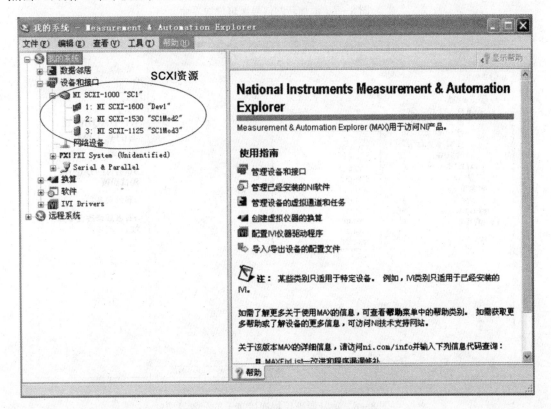

图 8 - 6　MAX 中 SCXI 总线资源的配置

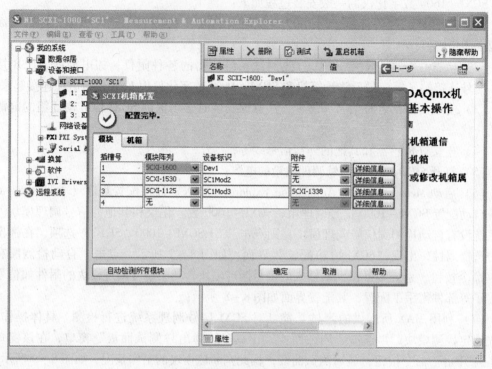

图 8 – 7　添加新的信号调理模块界面

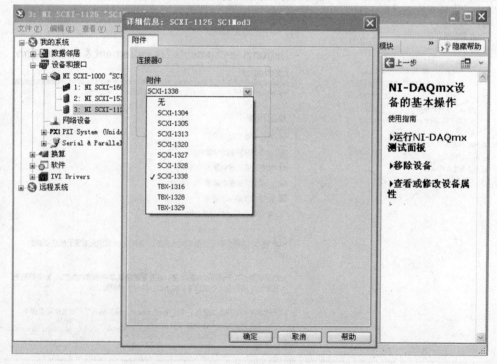

图 8 – 8　信号调理模块连接端子的配置界面

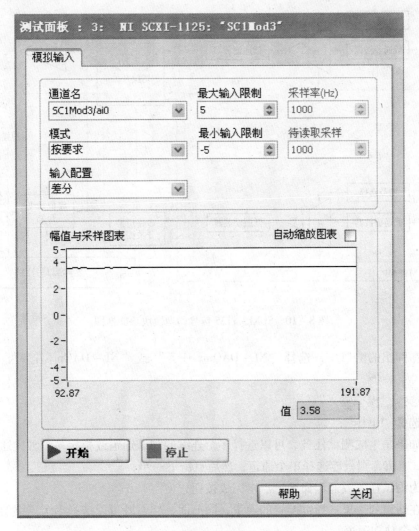

图 8-9　信号调理模块检测窗口

（8）配置通道和任务。

8.3.2.2　NI SCXI-1125 的 8 通道信号隔离调理模块

SCXI-1125 是 NI 公司的基本 SCXI 总线的 8 通道、无设置跳线并具有隔离功能的模拟信号输入调理模块。SCXI-1125 为每个通道都提供了可编程输入增益和滤波器设置功能，可编程增益范围 1～2000，可编程低通滤波器的截止频率分别为 4Hz 和 10kHz。SCXI-1125 信号调理模块可应用于并行输入模式或多路切换输入模式，同时提供了一个用于热电偶温度测量的冷端补偿通道，供多路切换输入模式下扫描使用。SCXI-1125 调理模块的功能结构图如图 8-10 所示。

在使用前，可在 Measure & Automation Explorer（MAX）中对信号调理模块进行配置。生成一个 SCXI-1125 信号调理模块的全局电压输入通道或任务的步骤如下：

（1）打开 Measure & Automation Explorer（MAX）；

（2）右击"设备和接口"，选择"新建…"；

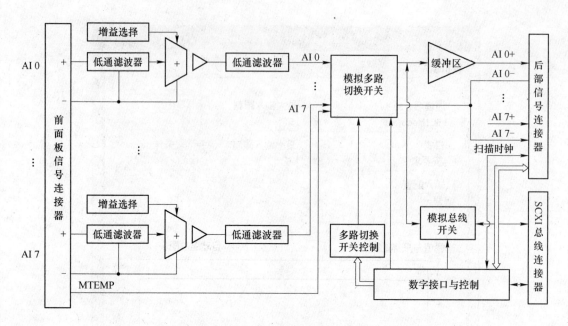

图 8-10　SCXI-1125 信号调理模块功能框图

（3）在弹出的窗口中，选择"NI-DAQmx 任务"或"NI-DAQmx 全局虚拟通道"，然后点击"下一步"；

（4）选择"模拟输入"；

（5）选择"电压"；

（6）如果是生成测试任务，可以选择多个连续的测试通道或指定多个独立通道。如果是生成测试通道，则只能选择单个通道，然后点击下一步；

（7）为测试任务或通道命名，点击完成按钮；

（8）在通道列表里选择欲配置的通道，同前面一样，既可以选择多个连续的通道，也可以选择多个独立通道；

（9）在设置选项标签中输入应用程序需要的特定值，然后点击设备切换标签，选择自动调零模式和低通滤波截止频率；

（10）如果生成测试任务时要进行定时或触发控制，则在任务定时标签页和任务触发标签页输入相应的信息。

8.3.2.3　应用 NI-DAQmx 开发数据采集应用程序

无论是在 LabVIEW、LabWindows/CVI，还是在 Measurement Studio 等虚拟仪器开发平台中应用 SCXI-1600 数字化仪和 SCXI 总线信号调理模块等开发应用程序，都要利用 NI-DAQmx 对 SCXI-1600 和信号调理模块进行配置。NI-DAQmx 为这些虚拟仪器开发平台提供了远超 MAX 配置程序的极大的灵活性和更多的配置功能。当然，也可以混合利用这些应用程序开发环境和 MAX 快速生成用户定制的应用程序。

图 8-11 给出了一个典型的生成测试任务的程序图，可进行 SCXI-1600 数字化仪通道配置、执行测试任务、分析数据、停止和清除测试任务。

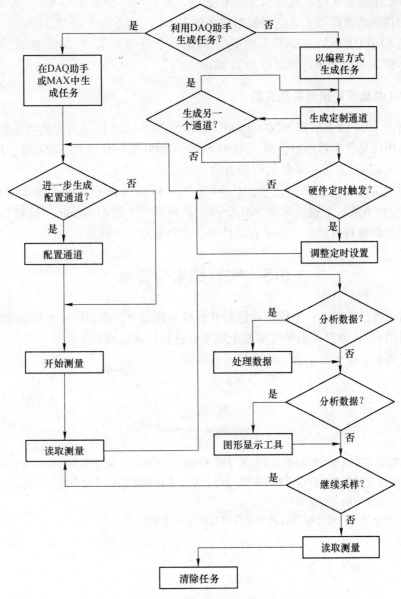

图 8-11 典型程序测试流程

8.4 实验内容和要求步骤

8.4.1 NI DAQCard-6024E 数据采集卡实验

（1）利用 DAQ ASSISTANT 配置 NI DAQCard-6024E 卡。

（2）利用信号发生器产生信号，用 NI DAQCard-6024E 卡完成信号采集，并显示采集的模拟波形。

（3）利用信号发生器产生信号，从 NI DAQCard-6024E 卡通道 1 到通道 2 采集数据，以 10kHz 的采样频率从每个通道采集 500 个点，并在同一个波形 Graph 中绘制出两个波形。VI 把扫描到的数据写入到电子数据表文件中，每列显示一个通道。

（4）用 NI DAQCard – 6024E 卡的 D/A 输出一个范围为 0 ~ 9.5V，步长为 0.5V 的电压，并用该卡的 A/D 采集通道显示 D/A 输出。

8.4.2　SCXI 总线系统信号采集实验

（1）利用 DAQ 助手配置 SCXI – 1600，通过 SCXI – 1125 信号调理模块采集电压信号。

（2）利用信号发生器产生信号，用 NI SCXI – 1600 数字化仪和 NI SCXI – 1125 信号调理卡完成信号采集，并显示采集的模拟波形。

（3）利用信号发生器产生信号，从 NI SCXI – 1125 卡通道 1 到通道 2 采集数据，以 10kHz 的采样频率从每个通道采集 500 个点，并在同一个波形 Graph 中绘制出两个波形。VI 把扫描到的数据写入到电子数据表文件中，每列显示一个通道。

8.5　实验结果与要求

（1）利用数据采集卡，采集正弦信号并保存至硬盘中，改变信号参数继续测量。

（2）利用 SCXI 数据采集系统重复上述实验过程，并记录和保存数据文件。

（3）完成实验报告，记录实验系统生成要求。

思 考 题

8 – 1　当信号发生器的输出信号频率大于信号采样频率的 0.5 倍后，观察采集的数据变化情况，此时信号已发生混叠和失真，分析采样正弦信号时，最低采样频率是信号频率的几倍能准确采样（可查找资料，结合理论进行证明）？

8 – 2　不采用 DAQ 助手，如何配置这两种硬件进行信号的采集？

第 9 章　转速测量实验

~~~~~~

本章提要：学习机械测试领域广泛应用的转速测量方法。学习光电式转速传感器测量系统、霍尔式转速传感器测量系统和磁电式转速传感器测量系统的测量原理、系统组成和测量方法。

~~~~~~

机械设备尤其是旋转机械的转速信号是一个重要的状态参数，在机械设备的故障检测和故障诊断中具有重要的意义。机械装备常用的转速传感器包括磁电转速传感器、磁敏转速传感器、霍尔转速传感器、光电转速传感器和光电编码器等。

工程装备中的发动机转速、车速等的测量通常采用的是磁电式转速传感器。本章所用的转速传感器是光电式转速传感器、霍尔式转速传感器和磁电式转速传感器等，它可将机械运动中转速的物理量转化成方波脉冲和正弦波信号，可用于测量转速、周期、速度等（见图 9 - 1），广泛应用于机械、冶金、石油、化工、交通、自控、军用、汽车 ABS、出租车计价器、火车车轮转速、摩托车发动机转速等各个领域转速测量。

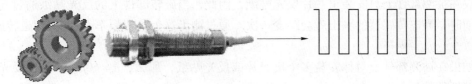

图 9 - 1　转速测量原理示意图

9.1　光电式传感器转速测量实验

9.1.1　实验目的

该实验利用光电式转速传感器测量电动机的转速，通过信号调理电路为传感器提供电源，并接受传感器的输出方波信号，然后利用 NI DAQCARD - 6024E 中的计数器对输入的方波脉冲进行计数，转换为转速信号（RPM），在虚拟仪器上显示出来。通过实验，可使学员掌握光电转速传感器的测量原理、测量电路组成和虚拟转速测量系统的应用程序开发等，增强了对虚拟仪器的理解，提高了工程应用能力。实验目的可概括为：

（1）掌握虚拟仪器技术理论知识；

（2）掌握 LabVIEW 语言开发定时计数器的方法；

（3）掌握光电转速传感器的使用方法、测量原理与转速测量系统构建方法。

9.1.2　实验类型

实验属于设计型。

9.1.3　实验环境

（1）软件：中文 Windows XP、LabVIEW 8.5。

（2）硬件：微型计算机、LabVIEW 软件、信号调理箱、NI DAQCARD－6024E 数据采集卡、光电转速传感器、转速实验台（或实验电动机）等。

9.1.4　实验原理

本实验是通过在电动机的皮带轮端面上粘贴反光锡箔，触发光电传感器输出信号到 NI DAQCARD－6024E 数据采集卡的计数器输入端，进行计数转换。利用 LabVIEW 软件设计虚拟转速传感器面板。测速过程中，电机上的反光元件周期性的反射光电传感器的激光脉冲信号，在光耦接收端得到一段连续的脉冲波形，该脉冲波形经过整形后，得到一形状规则的脉冲波形，对该脉冲进行计数，从而实现转速显示。

9.1.4.1　转速测量电路

直接测量电机转速可以采用各种光电传感器，也可以采用霍尔元件。实验采用光电传感器来测量电机的转速。

反射式光电传感器的工作原理见图 9－2，主要由被测旋转部件、反光片（或反光贴纸）、反射式光电传感器组成，在可以进行精确定位的情况下，在被测部件上对称安装多个反光片或反光贴纸会取得较好的测量效果。在本实验中，由于测试距离近且测试要求不高，仅在被测部件上只安装了一片反光贴纸，因此，当旋转部件上的反光贴纸通过光电传感器前时，光电传感器的输出就会跳变一次。通过测出这个跳变频率 f，就可知道转速 n。

$$n = 60f$$

如果在被测部件上对称安装多个反光片或反光贴纸，那么，$n = 60f/N$。N 为反光片或反光贴纸的数量。

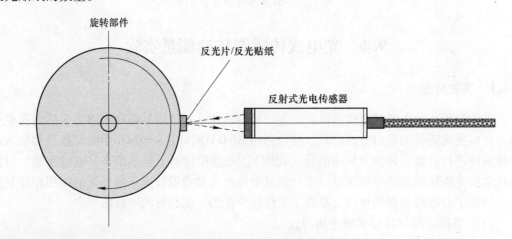

图 9－2　反射式光电转速传感器的结构图

9.1.4.2　实验系统的连接

光电传感器转速测量实验结构示意图如图 9－3 所示，按图示结构连接实验设备，其中光电转速传感器接入 NI DAQCARD－6024E 的计数器输入端。

图9-3 转速测量实验结构示意图

本实验的目的是了解转速测量的方法。首先需要将数据采集进来，利用 NI DAQCARD - 6024E 数据采集卡计数器 0 或 1 来完成外部信号的数据采集与转换过程。DAQCARD - 6024E 数据采集卡通过 68 芯信号电缆连接了信号端子 BNC - 2120 的计数器输入端。图 9-4 是数据采集卡的计数器示意图。

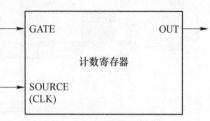

图9-4 计数器结构图

该数据采集卡中有两个 24 位计数器 0 和 1，实验中可利用任意一个进行计数测试。传感器输出的方法信号需接入到计数器的 Gate 端。若接计数器 0，则信号接入 PFI 9/CTR 0 接线端；若接计数器 1，则接入 PFI 4/CTR 1 接线端。

9.1.4.3 虚拟转速显示面板的开发

实验界面主要分为两大部分，第一部分是数据采集卡的计数器设置界面，主要包括计数器选择下拉列表框控件、触发边沿选择控件和计数器的最大值、最小值设定控件，实验界面图如图 9-5 所示；第二部分是测量信号显示界面，主要有传感器输出信号波形显示控件、频率显示控件和转速显示控件。

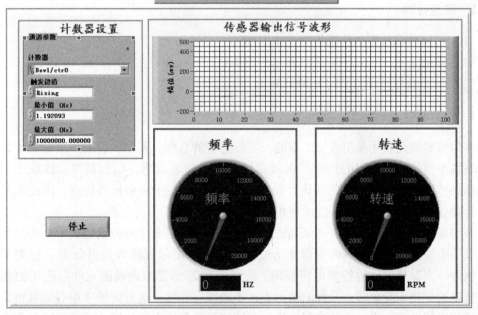

图9-5 光电传感器转速测量实验界面

9.1.4.4 LabVIEW 流程图的开发

图 9-6 为 LabVIEW 转速测量的框图程序。

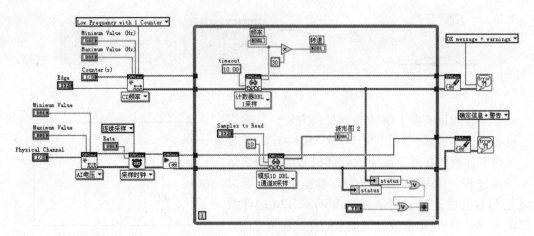

图9-6 转速测量框图

9.1.5 实验内容和要求

（1）简述实验目的和原理，根据实验原理和要求整理实验设计原理图。

（2）编写转速测量的 LabVIEW 程序。

（3）根据实验步骤分析并整理转速测量结果。

9.2 霍尔转速传感器测量实验

9.2.1 实验目的

（1）了解和熟悉霍尔传感器的工作原理。

（2）掌握采用 FA10 -4NAZ 型霍尔传感器进行转速测量实验的原理和方法。

（3）学会编写转速测量的 LabVIEW 程序。

9.2.2 实验原理

霍尔传感器是利用霍尔效应工作的一类传感器的总称。霍尔效应的产生是由于运动电荷受磁场中洛伦兹力作用的结果。霍尔元件具有对磁场敏感，结构简单、体积小、频响宽、动态范围大（输出电势的变化大）、无活动部件、使用寿命长等优点，因此在测量技术、自动化技术等方面有着广泛的应用。

利用霍尔输出正比于控制电流和磁感应强度乘积的关系，可分别使其中一个量保持不变，另一个量作为变量；或两者都作为变量。因此，霍尔元件大致可分为三种类型的应用。例如，当保持元件的控制电流恒定，而使元件所感受的磁场因元件与磁场的相对位置、角度的变化而变化时，元件的输出正比于磁感应强度，这方面的应用有测量恒定和交变磁场的高斯计等。当元件的控制电流和磁感应强度都作为变量时，元件的输出与两者乘积成正比，这方面的应用有乘法器、功率计等。

霍尔元件也可以用来测量旋转体转速。利用霍尔元件测量转速的方案很多。其一是将永久磁铁装在旋转体上，霍尔元件装在永久磁铁旁，相隔 1mm 左右。当永久磁铁通过霍尔元件时，霍尔元件输出一个电脉冲（如图 9 - 7 所示）。由脉冲信号的频率便可得到转速值。其二是将永久磁铁装在靠近带齿旋转体的侧面，磁铁 N 极与 S 极的距离等于齿距。霍尔元件粘贴在磁极的端面。齿轮每转过一个齿，霍尔元件便输出一个电脉冲，测定脉冲信号的频率便可得到转速值。本实验利用 LHG - 5 - A 型霍尔传感器采用第一种方案来进行速度测量。

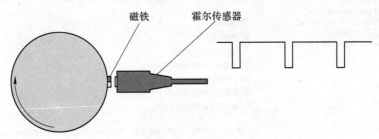

图 9 - 7　霍尔传感器转速测量示意图

9.2.3　实验环境

（1）软件：中文 Windows XP、LabVIEW 8.5。

（2）硬件：微型计算机、稳压电源、BNC - 2120 信号接口端子、NI DAQCARD - 6024E 数据采集卡、霍尔转速传感器、转速实验台（或实验电动机）、调速器等。

9.2.4　实验步骤与内容

（1）霍尔传感器转速测量实验结构如图 9 - 8 所示，将 LHG - 5 - A 型霍尔传感器接入输 BNC - 2120 接线端子上的 Gate 1 输入端，通过该端子将传感器的输出信号引入到数据采集卡的计数器 1 的门控输入端。

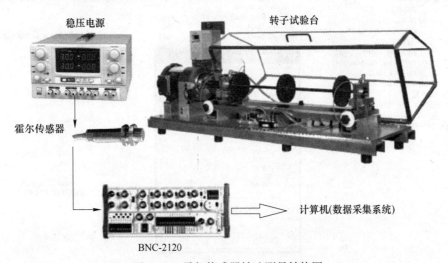

图 9 - 8　霍尔传感器转速测量结构图

（2）运行 Measurement & Automation Explorer 硬件配置主程序，打开硬件配置主界面如图 9 - 9 所示，在图 9 - 9 中，右击 DAQCard - 6024E 选项，选择属性选项，弹出设备属性选择菜单，如图 9 - 10 所示，此时在下拉列表项中选择 BNC - 2120 即可。

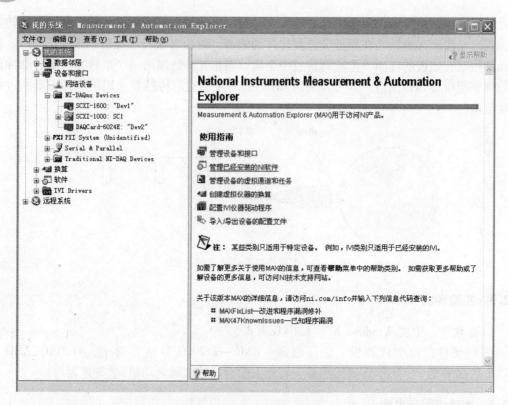

图 9 - 9　硬件配置主界面

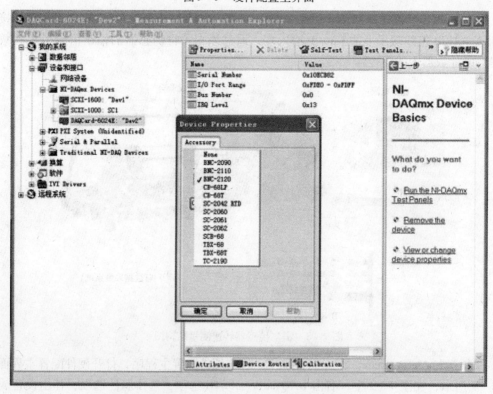

图 9 - 10　BNC - 2120 端子配置界面

（3）启动 LabVIEW 8.5 程序，进行转速采集实验系统的设置与编程。霍尔传感器转速测量实验系统界面如图 9-11 所示。其程序框图可参照图 9-6 编写。

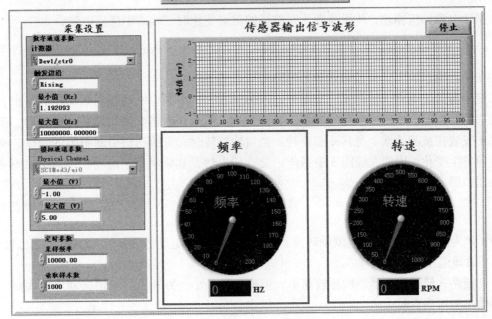

图 9-11　霍尔传感器转速测试实验界面

9.2.5　实验报告要求

简述实验目的和原理，分析并整理实验测量结果。

9.3　磁电式传感器转速测量实验

9.3.1　实验目的

（1）熟悉和掌握磁电式传感器的工作原理。
（2）了解利用虚拟仪器技术进行转速测量的方法。
（3）学会用 LabVIEW 编制转速测量与转速波形显示程序。

9.3.2　实验环境

（1）软件：中文 Windows XP、LabVIEW 8.5。
（2）硬件：微型计算机、柴油机、磁电式传感器、信号调理卡、调速器、柴油机试验台等。

9.3.3　实验原理

磁电感应式传感器又称电动势式传感器，是利用电磁感应原理将被测量（如振动、位移、转速等）转换成电信号的一种传感器。它是利用导体和磁场发生相对运动而在导体两端输出感应电动势的。它是一种机 – 电能量变换型传感器，不需要供电电源，电路简单，性能稳定，输出阻抗小，又具有一定的频率响应范围（一般为 10~1000 Hz），所以得到普遍应用。

基于电磁感应原理，N 匝线圈所在磁场的磁通变化时，线圈中感应电势：

$e = -N\dfrac{\mathrm{d}\Phi}{\mathrm{d}t}$ 发生变化，因此当转盘上嵌入 N 个磁棒时，每转一周线圈感应电势产生 N 次的变化，通过放大、整形和计数等电路即可以测量转速。

变磁通式磁电感应传感器一般做成转速传感器，产生感应电动势的频率作为输出，而电动势的频率取决于磁通变化的频率。如图 9 – 12 所示开磁路变磁通式转速传感器。测量齿轮 4 安装在被测转轴上与其一起旋转。当齿轮旋转时，齿的凹凸引起磁阻的变化，从而使磁通发生变化，因而在线圈 3 中感应出交变的电势，其频率等于齿轮的齿数 Z 和转速 n 的乘积，即

$$f = \frac{Zn}{60}$$

式中，Z 为齿轮齿数；n 为被测轴转速，r/min；f 为感应电动势频率，Hz。这样当已知 Z，测得 f 就知道 n 了。

开磁路式转速传感器结构比较简单，但输出信号小，另外当被测轴振动比较大时，传感器输出波形失真较大。

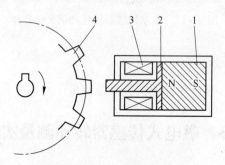

图 9 – 12 磁电传感器结构图
1—磁铁；2—软铁；3—线圈；4—测速齿轮

9.3.4 实验电路与接线

图 9 – 13 为转速信号调理电路接线图，其中 CH_1、CH_2 接磁电式传感器的信号输出线。该调理电路的脉冲输出引脚（CD4027 的 13 脚）接控制板的单片机的计数器输入端。单片机将转速计数信号处理后转换为串行信号，通过串口总线传送到上位机，利用 Lab-VIEW 编写的程序显示给用户，转速的调节通过油门旋钮进行。

9.3.5 实验内容与操作步骤

（1）按图 9 – 14 安装磁电式转速传感器，使传感器的底部距离飞轮齿圈的齿顶约 0.5~1.5mm。一般发动机的磁电传感器安装螺纹为 M16 或 M18 规格，安装时，可将传感

器旋至极限，使传感器底部与飞轮齿圈齿顶接触，然后再将传感器反向旋转不超过1圈，即可保证传感器底部与齿顶保持在安装规定要求的间隙范围。

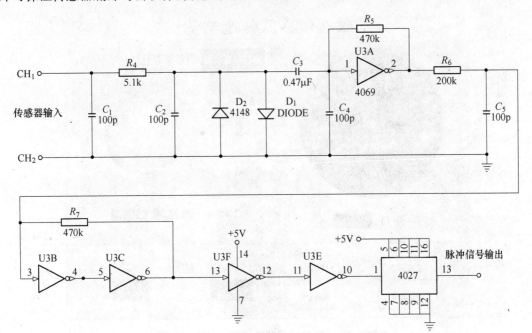

图 9 - 13　转速传感器信号调理电路

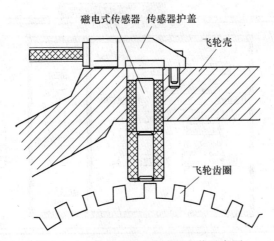

图 9 - 14　磁电式转速传感器安装示意图

（2）打开总电源、测功机电源，连接单片机控制板和计算机的串行总线电缆；启动 LabVIEW 8.5 开发平台。

（3）编写转速显示程序前面板，参考前面板如图 9 - 15 所示。

（4）编写转速测试程序框图。程序框图主要由两部分组成，一是转速控制框图，包括油门位置控制和油门转速控制等；二是转速信号采集框图程序，由串口读取转速传感器信号，并进行转换和显示。图 9 - 16 是转速测量实验的参考程序框图。

（5）编写转速信号记录程序框图。在实验过程中，实验数据的记录采用手动和自动记录的方式，将转速数据和采样时刻记录在 Excel 数据文档中。数据记录程序框图的编写主要用到 LabVIEW 的时间获取函数和反馈节点，其示例代码如图 9 – 17 所示。

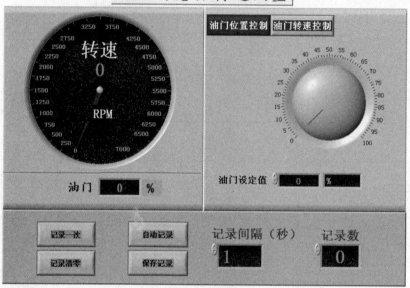

图 9 – 15　磁电传感器转速测量实验前面板

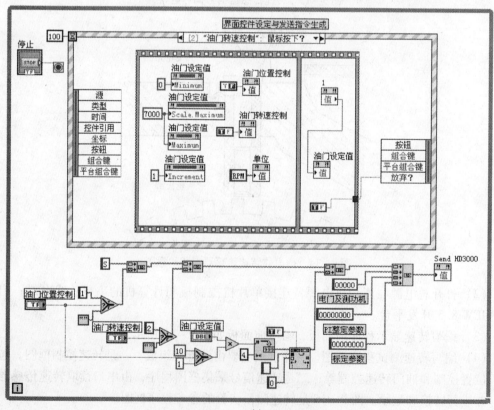

(a)

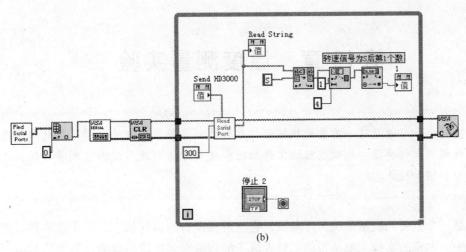

(b)

图9-16 磁电式转速传感器测量实验参考程序框图

(a) 界面控制参数设定与油门控制程序；(b) 转速信号数据采集程序

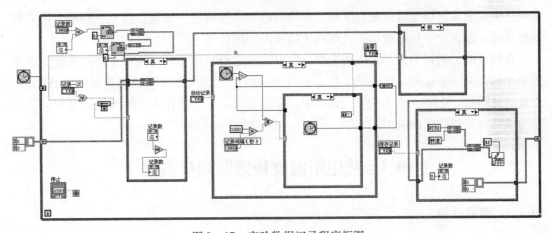

图9-17 实验数据记录程序框图

（6）启动发动机，在实验主界面前面板上选择油门位置控制，逐渐调大油门位置，同时记录下发动机转速变化数据。然后逐渐减小油门，也记下发动机转速变化数据。

（7）在实验主界面上选择油门转速控制标签页，逐渐增大油门转速值，同时记录发动机转速值。再逐渐调小油门转速值，同样记下发动机转速变化数据。

思 考 题

9-1 转速测量上限是由采集卡的内部时钟频率决定的，分析一下光电式传感器转速测量实验所测转速上限是多少？为什么？

9-2 霍尔式转速测量传感器与光电传感器相比有什么优缺点？除转速测量外，霍尔式传感器还可以用于哪些机械参数的测量中？试举例说明，并画出测量原理图。

9-3 磁电式转速传感器也是一种有源传感器，试分析其优点，说明其工作原理。

第10章 温度测量实验

~~~~~~

本章提要： 学习温度这一重要的机械运行参数的测量原理与方法。学习热电阻温度传感器、热电偶温度传感器、热敏电阻的工作原理和使用方法以及构建温度测量系统，进行温度测量的补偿和校正。

~~~~~~

温度是一个重要的机械系统运行参数，它与机械设备的运行状态、工作效率和故障状态密切相关。本章的实验主要是帮助实验人员了解和掌握温度传感器测量温度的基本原理和方法。

温度概念的建立是以热平衡为基础的。如果两个冷热程度不同的物体相互接触必然会发生热交换现象，热量将由热程度高的物体向热程度低的物体传递，直至达到两个物体的冷热程度一致，处于热平衡状态，即两个物体的温度相等。

直到目前，测量温度都采用间接测量的方法。它是利用一些材料或元件的性能随温度而变化的特性，通过测量该性能参数，而得到被测温度的大小。用以测量温度特性的有：材料的热膨胀、电阻、热电动势、磁导率、介电系数、光学特性、弹性等等，其中前三者尤为成熟，获得广泛的应用。

10.1 热电阻温度传感器测量实验

10.1.1 实验目的

（1）了解温度参数是机械设备运行过程中的一个重要的状态参数，也是一个与人们的生活环境、生产活动密切相关的重要物理量。温度的测量和控制技术应用十分广泛。

（2）掌握用虚拟仪器技术测量温度值的一种方法。

（3）学会利用虚拟仪器硬件测量温度的设计方法。

10.1.2 实验要求

（1）运用虚拟仪器技术来实现温度测量任务，完成温度测量电路的连接和调试。

（2）学会虚拟仪器调理模块的设置与线路连接方法，进一步熟悉常用虚拟仪器硬件设备的使用，提高分析问题和解决问题的能力。

（3）利用所提供的设备及元件设计一温度测量电路，并用虚拟仪器软件编写程序，完成数字温度的采集，然后用程序处理采集后的数据结果。

（4）编写程序，实现温度数据的输出显示。

（5）结合上述两部分程序，编程实现数字式温度计的程序设计。

10.1.3 热电阻测温原理

物质的电阻率随温度变化而变化的物理现象称为热电阻效应。大多数金属导体的电阻随温度的升高而增加，电阻增加的原因可用其导电机理说明。在金属中参加导电的为自由电子，当温度升高时，虽然自由电子数目基本不变（当温度变化范围不是很大时），但是，每个自由电子的动能将增加，因此，在一定的电场作用下，要使这些杂乱无章的电子作定向运动就会遇到更大的阻力，导致金属电阻随温度的升高而增加，其电阻与温度呈现一定的比例关系，如式（10-1）所示。

$$R_t = R_0[1 + \alpha(t - t_0)] \tag{10-1}$$

式中 R_t，R_0——分别为热电阻在温度 t 和 0℃时的电阻值；

α——热电阻的电阻温度系数，1/℃。

从式（10-1）可知，只要 α 保持不变（常数），则金属电阻 R_t 将随温度线性地增加。其灵敏度 K 为：

$$K = \frac{1}{R_0}\frac{\mathrm{d}R_t}{\mathrm{d}t} = \alpha \tag{10-2}$$

显然，α 越大，灵敏度 K 就越大，纯金属的电阻温度系数 α 为（0.3% ~ 0.6%）/℃。但是，对于绝大多数金属导体，α 并不是一个常数，它也随着温度的变化而变化，只能在一定的温度范围内，把它近似地看作为一个常数。不同的金属导体，α 保持常数所对应的温度不相同，而且这个范围均小于该导体能够工作的温度范围。

根据热电阻效应制成的传感器叫热电阻传感器，简称热电阻。热电阻按电阻-温度特性不同，可分为金属热电阻（一般称热电阻）和半导体热电阻（一般称热敏电阻）两大类。

PT100 温度传感器属于铂热电阻传感器。铂的物理、化学性能非常稳定，尤其是耐氧化能力很强，并且在很宽的温度范围内（1200℃以下）均可保持上述特性。电阻率较高，易于提纯，复制性好，易加工，可以制成极细的铂丝或极薄的铂箔。其缺点是：电阻温度系数较小，在还原性介质中工作易变脆，价格昂贵。由于铂有一系列突出优点，是目前制造热电阻的最好材料。在 1992 年国际实用温标（IPTS-92）中，规定在 -295.34 ~ 630.74℃温度范围内，以铂热电阻作为标准仪器，传递从 11.81K 到 903.89K 温度范围内国际实用温标。它的长时间稳定的复现性可达 10^{-4}K，是目前测温复现性最好的一种温度计。

铂热电阻与温度之间的关系近似线性关系。

在 -200℃ ≤ t ≤ 0℃时可用下式：

$$R_t = R_0[1 + At + Bt^2 + C(t - 100)t^3] \tag{10-3}$$

在 0℃ ≤ t ≤ 650℃时可用下式：

$$R_t = R_0(1 + At + Bt^2) \tag{10-4}$$

式中 R_t——温度为 t 时铂热电阻的电阻值；

R_0——温度为 0℃时铂热电阻的电阻值；

A，B，C——由实验确定的常数，其数值分别为 $A = 3.96847 \times 10^{-3}$/℃；$B = 5.847 \times 10^{-7}$/℃²；$C = 4.22 \times 10^{-12}$/℃⁴。

铂的电阻率与其纯度密切相关，纯度越高，电阻率越大。

10.1.4　实验仪器与设备

（1）SCXI – 1000 信号调理箱 1 套；

（2）SCXI – 1121 信号调理模块、SCXI – 1328 信号连接端子 1 套；

（3）SCXI – 1600 数字化仪 1 套；

（4）PT100 温度传感器 1 只；

（5）计算机与 LabVIEW 8.5 开发平台 1 套。

10.1.5　实验电路与说明

10.1.5.1　SCXI – 1121 的 4 通道隔离通用传感器信号调理模块

SCXI – 1121 由 4 个隔离输入通道和 4 个隔离激励通道组成的传感器信号调理模块，适用于应变传感器、热电阻、热敏电阻、热电偶、电压（V 或 mV）、电流（4 ~ 20mA）或过程控制电流（0 ~ 20mA）等传感器信号的调理。SCXI – 1121 模块可工作于两种输出模式下，即并行输出模式和多路切换输出模式。第一种模式下，4 个输入通道并行连接于数据采集卡的 4 个通道中，第二种模式下，所有的 4 个输入信号通道可以利用多路开关切换的方式连接于数据采集板的一个信号通道中。

SCXI 信号调理箱集成 SCXI – 1121 信号调理卡后，构成快速扫描信号调理系统，用于实验室测试、工业测试和工业过程监控等任务中。

SCXI – 1121 的安装过程如下：

（1）关闭 SCXI – 1000 信号调理箱电源；

（2）将 SCXI – 1121 模块沿着 SCXI – 1000 调理箱里的导槽缓缓插入，插入到调理箱的底部后，应稍稍用力，保证信号调理模块后部的接口插槽与调理箱上的接口插头牢固连接；

（3）旋紧 SCXI – 1121 前安装面板上、下部的两个固定螺钉，使其与信号调理箱可靠固定；

（4）检查 SCXI – 1000 信号调理箱与 SCXI – 1121 调理模块、SCXI – 1600 数字化仪等的安装状态，以及与计算机相连的 USB 接口电缆的连接状态；

（5）打开 SCXI – 1000 信号调理箱电源；

（6）打开计算机电源。

10.1.5.2　SCXI – 1121 的模拟信号调理功能

图 10 – 1 是 SCXI – 1121 主要功能单元的结构图。SCXI – 1121 的主要组成单元包括 SCXI 总线连接器、数字接口、数字控制电路及定时和模拟电路。

SCXI – 1121 由四个隔离放大通道组成，放大倍数为 1，2，5，10，20，50，100，200，500，1000 和 2000。四个隔离激励通道可提供电压和电流激励。SCXI – 1121 同时设置了一个数字区域用于通道扫描、温度选择和 MUXCOUNTER 时钟选择的自动控制。在输入端提供了低通滤波器，用户可以根据需要在 10kHz 和 4Hz 带宽中任选一种跳线设置。信号放大器的增益分为两级，第一级提供了 1、10、50 和 100 共 4 种放大倍数，第二级的放大倍数为 1、2、5、10 和 20。另外，SCXI – 1121 调理模块内部集成了完备的测控网络，用于应变测量的半桥和四分之一桥组测试组网。每个通道可配置为不同的带宽、增益和完备的网络操作。

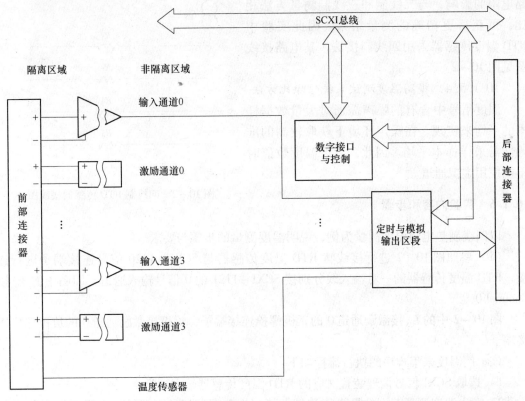

图 10 - 1　SCXI - 1121 功能结构框图

放大器输入通道的总增益由下式确定：

$$G_T = G_1 \times G_2 \tag{10-5}$$

式中，G_T 是该通道的总的放大倍数；G_1 和 G_2 分别为第一级和第二级的放大倍数。需要注意的是，每一级增益的选择将影响放大器的带宽。给定增益等级的放大器的带宽可由下式确定：

$$B_W = \frac{G_{BWP}}{G} \tag{10-6}$$

式中，B_W 为给定放大器等级的带宽；G_{BWP} 为增益带宽积（典型值为 800kHz）；G 为这一级的放大倍数。

在进行温度测量实验前，应根据 RTD 传感器的基准电阻值、激励电流和低通滤波带宽的要求，选择两级放大的倍数，据此设置 SCXI - 1121 的相关跳线。

10.1.5.3　SCXI - 1320 信号连接端子

SCXI - 1320 连接端子是一种具有屏蔽特性螺栓端子连接器，可以与 SCXI - 1120、SCXI - 1120D、SCXI - 1125、SCXI - 1126 和 SCXI - 1121 等信号调理模块配接使用。SCXI - 1120 上的温度基准传感器与热电偶传感器连接可进行精确的温度测量。SCXI - 1320 可满足热电偶、热电阻、应变传感器、热敏电阻、毫伏或伏级电压等传感器或信号的测量连接。

由于四线制测量方法能够消除 RTD 测量线路电阻的影响，与二线制和三线制测量方法相比，可获得更精确的测量结果。因此实验中 RTD 温度传感器采用四线制接法，其电路接线图见图 10 - 2。

10.1.5.4　提高温度测试系统信噪比方法

温度信号中含有的噪声需通过大量数据样本的平均来实现。在噪声环境下获取较高的准确性需采样样本平均。因此，读取温度数值时不能使用虚拟通道。

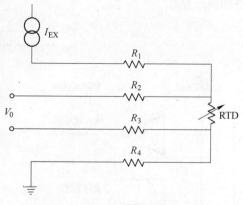

图 10 - 2　四线制 RTD 传感器接线图

10.1.6　实验内容和步骤

以四线制热电阻温度测量为例，说明温度测量的步骤与要求。

（1）参照图 10 - 2 进行接线将 RTD 温度传感器与 SCXI - 1320 信号连接端子进行连接，RTD 温度传感器的一对输入线分别接 SCXI - 1121 的 0 信号输入通道，即图中的 V_0 接 Channel 0。

图 10 - 2 中的 I_{EX} 接激励通道 0 的正极螺栓连接端子，负极接激励通道 0 的负极螺栓连接端子。

该示例温度采集程序的执行流程如下：

1）选取 SCXI 信号调理装置对应的 RTD 温度传感器输入通道。

2）键入温度测量范围的最小值和最大值，为获取较好的准确性，在设定温度测量范围时，应尽可能输入预期的温度范围数值。

由于 SCXI - 1600 数据采集模块和 SCXI - 1121 信号调理模块是通用采集系统，在进行 RTD 和 Thermocouple 传感器温度信号采集时，受 A/D 转换模块电压信号输入范围的限制，不能满足 RTD 或其他传感器在整个测量范围内的信号采集要求。因此，温度的最小值和最大值必须根据电压输入范围、调理模块总增益等进行计算确定。

如对于 IEC - 751 型 RTD 热电阻传感器，在 0℃ 时的标准阻值是 100Ω，100℃ 时的阻值变为 138.88Ω，在实验中由 SCXI - 1121 通过 SCXI - 1312 信号连接端子施加 0.15mA 的激励电流，则在 0℃ 和 100℃ 时的输出电压分别为 15mV 和 17.832mV。SCXI - 1600 的电压输入范围为 ± 5V，这时电路的总增益宜为 20，则电压的测量范围为 ± 25mV，换算为 IEC - 751 型 RTD 传感器的电阻测量范围为（忽略非线性）22Ω 和 166.67Ω，根据分度表将其转换为温度值，约为最小值 -190℃，最大值 178℃。

3）输入 RTD 传感器的类型和 0℃ 时的标准阻值。如果选择用户定制选项，请实验人员修改该示例，指定 Callendar - Van Dusen 公式中的 A、B 和 C 系数。这些系数在程序中通过 DAQmx 通道属性节点来给定。

4）确定 RTD 接线配置、电流激励源和激励电流的数值大小。

（2）设定信号激励方式。根据 PT100 温度传感器的特性，应采用电流激励，激励电流设置为 150μA。

SCXI - 1121 的 0 激励通道的激励模式设置跳线为 W14 和 W15（全部连接 2 - 3），激励电流的设置跳线为 W16 和 W26（全部连接 2 – 3），根据使用手册正确设置。

（3）设定放大增益和低通滤波器带宽。SCXI – 1121 的 0 激励通道的两级增益设置跳线分别为 W3 和 W4，设置放大倍数为 200，其中第一级为 10（W3 置 C），第二级为 20（W4 置 E）。

（4）在 MAX 中配置相应信号通道的激励方式、激励信号大小、信号输入放大倍数、信号连接端子等，如图 10 – 3 所示。

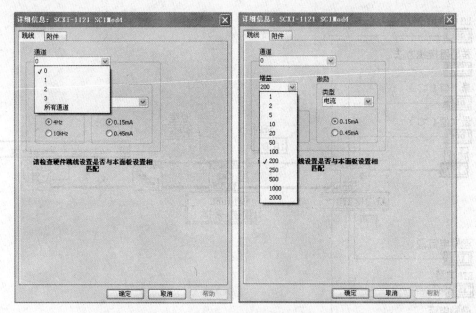

图 10 – 3 通道选择、增益、低通道滤波和激励信号设定界面

（5）参照图 10 – 4 设计单个温度信号读取的采集程序前面板。

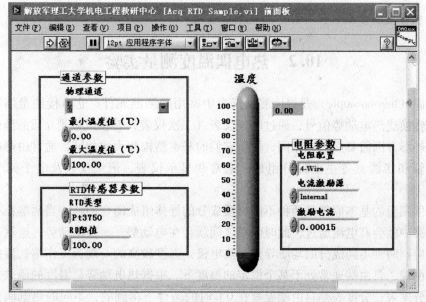

图 10 – 4 温度信号测量窗口

10.1.7　实验报告和要求

（1）简述实验目的和原理，根据实验原理和要求整理实验设计原理图。

（2）分别编写2、3和4线制热电阻温度测量，包括单个数据、连续数据采集的LabVIEW程序。图10-5是RTD温度测量实验的数据单点读取程序框图，注意该程序未进行温度信号的平均法滤波处理。

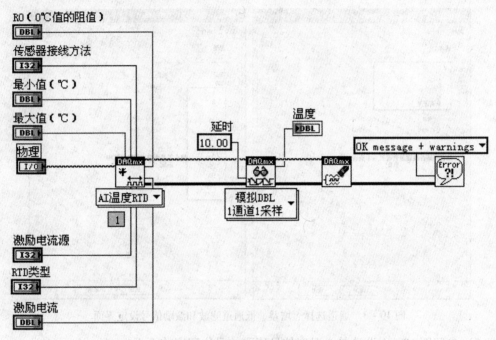

图10-5　RTD单点温度采集程序框图

（3）根据实验步骤分析并整理温度测量结果。

10.2　热电偶温度测量实验

热电偶（thermocouple）是温度测量仪表中常用的测温元件，它直接测量温度，并把温度信号转换成热电动势信号，通过电气仪表（二次仪表）转换成被测介质的温度。各种热电偶的外形常因需要而极不相同，但是它们的基本结构却大致相同，通常由热电极、绝缘套保护管和接线盒等主要部分组成，通常和显示仪表、记录仪表及电子调节器配套使用。

热电偶测温的基本原理是两种不同材质成分的导体组成闭合回路，当两端存在温度梯度时，回路中就会有电流通过，此时两端之间就存在电动势——热电动势，这就是所谓的塞贝克效应。两种不同成分的均质导体为热电极，温度较高的一端为工作端，温度较低的一端为自由端，自由端通常处于某个恒定的温度下。根据热电动势与温度的函数关系，制成热电偶分度表；分度表是自由端温度在0℃时的条件下得到的，不同的热电偶具有不同的分度表。

10.2.1 实验目的

（1）了解 K 型热电偶的特性与应用。

（2）掌握利用虚拟仪器硬件构建热电偶温度测量系统的方法。

（3）学会利用 LabVIEW 语言编写热电偶温度测量程序。

10.2.2 实验要求

（1）运用虚拟仪器技术来实现温度测量任务，完成热电偶温度测量电路的构建和调试。

（2）学会虚拟仪器调理模块的设置与线路连接方法，掌握应用 M 系列数据采集卡 DAQ-Card－6024E 和 SCXI－1121、SCXI－1125 等传感器调理模块进行热电偶温度测量的方法。

（3）利用 SCXI－1121、SCXI－1125 与信号连接端子和热电偶传感器搭建温度测量电路，并用虚拟仪器软件编写程序，完成数字温度的采集，然后用程序处理采集后的数据结果。

（4）利用数字平均算法，进行低频温度信号的噪声处理。

（5）结合上述内容，完成多种数字式温度计的程序设计。

10.2.3 热电偶测温原理

热电偶是一种使用最多的温度传感器，它的原理是基于 1821 年发现的塞贝克效应（Seebeck effect），即两种不同的导体或半导体 A 或 B 组成一个回路，其两端相互连接，只要两节点处的温度不同，一端温度为 T，另一端温度为 T_0，则回路中就有电流产生，见图 10-6(a)，即回路中存在电动势，该电动势被称为热电势。

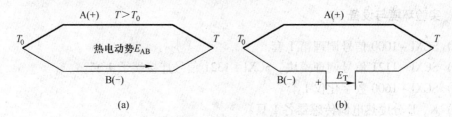

图 10-6　热电偶工作原理

两种不同导体或半导体的组合被称为热电偶。

当回路断开时，在断开处 A，B 之间便有一电动势 E_T，其极性和量值与回路中的热电势一致，见图 10-6(b)，并规定在冷端，当电流由 A 流向 B 时，称 A 为正极，B 为负极。实验表明，当 E_T 较小时，热电势 E_T 与温度差 $(T-T_0)$ 成正比，即

$$E_T = S_{AB}(T - T_0) \tag{10-7}$$

式中，S_{AB} 为塞贝克系数，又称为热电势率，它是热电偶的最重要的特征量，其符号和大小取决于热电极材料的相对特性。

10.2.3.1 热电偶的基本定律

（1）均质导体定律。由一种均质导体组成的闭合回路，不论导体的截面积和长度如何，也不论各处的温度分布如何，都不能产生热电势。

（2）中间导体定律。用两种金属导体 A，B 组成热电偶测量时，在测温回路中必须通过连接导线接入仪表测量温差电势 $E_{AB}(T, T_0)$，而这些导体材料和热电偶导体 A、B 的材料往往并不相同。在这种引入了中间导体的情况下，回路中的温差电势是否发生变化呢？热电偶中间导体定律指出：在热电偶回路中，只要中间导体 C 两端温度相同，那么接入中间导体 C 对热电偶回路总热电势 $E_{AB}(T, T_0)$ 没有影响。

（3）中间温度定律。如图 10 - 7 所示，热电偶的两个结点温度为 T_1、T_2 时，热电势为 $E_{AB}(T_1, T_2)$；两结点温度为 T_2、T_3 时，热电势为 $E_{AB}(T_2, T_3)$，那么当两结点温度为 T_1、T_3 时的热电势则为

$$E_{AB}(T_1, T_2) + E_{AB}(T_2, T_3) = E_{AB}(T_1, T_3) \qquad (10-8)$$

式（10 - 8）就是中间温度定律的表达式。如：$T_1 = 100℃$，$T_2 = 40℃$，$T_3 = 0℃$，则

$$E_{AB}(100, 40) + E_{AB}(40, 0) = E_{AB}(100, 0) \qquad (10-9)$$

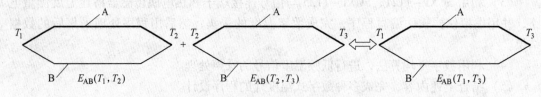

图 10 - 7 中间导体定律

10.2.3.2 热电偶的分度号

热电偶的分度号是其分度表的代号（一般用大写字母 S、R、B、K、E、J、T、N 表示）。它是在热电偶的参考端为 0℃ 的条件下，以列表的形式表示热电势与测量端温度的关系。

10.2.4 实验环境与设备

（1）SCXI - 1000 信号调理箱 1 套。

（2）SCXI - 1121 信号调理模块、SCXI - 1321 信号连接端子 1 套。

（3）SCXI - 1600 数字化仪 1 套。

（4）K、E 分度热电偶传感器各 1 只。

（5）温控电热炉 1 套。

（6）微型计算机、LabVIEW 8.5。

10.2.5 实验电路与说明

10.2.5.1 SCXI - 1321 的 4 通道信号接口端子模块

SCXI - 1321 的 4 通道信号接口端子模块内置了零偏消除电路和电桥的分流校准电路，可与 SCXI - 1121 信号调理模块配合进行热电偶传感器的测量任务。除了提供的 18 个螺栓连接端子外，SCXI - 1321 设置了惠思通电桥的偏置调整电路和应变传感器分流校准的拆卸式分流电阻。该模块最先设计用于应变电桥类传感器的信号调理。另外，也适用于热电偶、RTD 电阻传感器、热敏电阻、电压和电流环等信号类型的调理。热电偶信号的调理设置有冷端补偿电路。

SCXI – 1321 信号连接步骤如下：

（1）打开连接盒端盖，并松开固定压条。

（2）根据测量信号的类型，接入或断开零偏消除电路。

（3）将信号线从固定架的缝隙引入 SCXI – 1321 连接模块，并处理好线连接端。

（4）将剥好的线头可靠插入螺栓连接端子，注意不要将裸露的线头暴露在螺栓连接端子之外，这容易造成电路短路故障或硬件损坏。

（5）拧紧连接端子的固定螺栓，接好地线，拧紧固定压条两端的固定螺栓。

（6）盖紧 SCXI – 1321 的上盖，并将其安装于 SCXI – 1121 的前面板连接槽中。

10.2.5.2 热电偶的冷端补偿（CJC）

冷端补偿仅用于热电偶的测量中，用于改善热电偶传感器的测量精度。SCXI – 1321 上集成的 CJC 温度补偿传感器输出灵敏度为 10mV/℃，在 0～55℃温度范围内的精确度为 ±0.9℃。温度的计算采用如下公式：

$$T(℃) = 100 \times V_{\text{TEMPOUT}} \tag{10 – 10}$$

$$T(°F) = \frac{T(℃) \times 9}{5} + 32 \tag{10 – 11}$$

式中，V_{TEMPOUT} 是温度传感器输出电压；$T(°F)$ 和 $T(℃)$ 分别是华氏温度和摄氏温度读数。

根据 SCXI – 1121 信号输入配置的模式，CJC 温度传感器可按两种配置方法的任一种进行设定。SCXI – 1121 的跳线 W5 控制温度传感器的输出在多路转换模式（MTEMP）和并行模式（DTEMP）之间切换。

同样的，温度补偿传感器的温度读取数值也需要进行去噪滤波处理，通常也是采取多样本的平均方法。

10.2.6 实验内容与步骤

（1）观察热电偶结构（可旋开热电偶保护外套），了解温控电热炉的工作原理。

（2）将热电偶与 SCXI – 1321 连接，本实验接于 Channel 2。

（3）SCXI – 1121 信号调理模块通道参数的设定：

一级放大倍数设定为 100，跳线 W29 置于 A 位置；二级放大倍数为 20，跳线 W30 置于 E 位置。总放大倍数为 2000。

两级滤波器的低通截止频率均设置为 4Hz，跳线设置为 W31 – A 和 W10。

（4）打开 MAX 硬件配置程序，在设备与接口中右击 NI SCXI – 1121 选项，选择属性，打开其附件设置窗口。

（5）在附件设置窗口中，设定 2 通道的增益为 2000，低通滤波器截止频率为 4Hz，这些参数的设置应与第 3 步的手工设置参数相同。信号连接附件选择 SCXI – 1321。

（6）设置完成后，点击确定退出 MAX 程序。

（7）可参照图 10 – 8 设计热电偶温度测量界面。该示例界面演示了如何连续采集硬件时间设定的热电偶温度信号。其测试流程概括如下：

1）指定连接热电偶传感器的物理通道。

2）输入预备测量的摄氏温度值的最小值和最大值，小的测量范围将获得更高的测量精度。

必须注意，与 RTD 等其他的热电阻传感器相同，在输入温度范围时也必须考虑数据采集模块的电压输入范围，在本实验中，对于 K 型热电偶，其温度测量范围为 – 10.1 ~ 61℃，如图 10 – 8 所示。

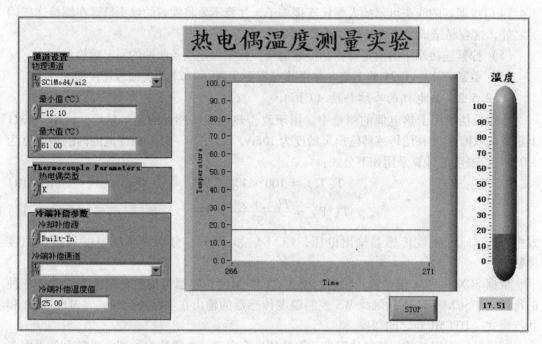

图 10 – 8　热电偶测温实验界面

3）信号采样频率的设定。在示例界面程序的设计中，已在框图程序中将采样周期设定为 10ms，未在前面板中显示。用户在具体实验系统开发中，可根据需要，在前面板中放置相应的控件，方便在实验中随时调整信号采集的频率。

4）指定热电偶的类型。

5）冷端补偿参数的设定。

热电偶温度测量中冷端补偿十分重要。在实验中应指定冷端补偿信号来源、补偿源所在通道以及采用常数温度补偿时的补偿温度值等。

（8）热电偶测量实验程序框图的设计。图 10 – 9 是热电偶温度测量实验的 LabVIEW 程序框图，该程序框图的设计步骤如下：

1）创建一个热电偶（Thermocouple）温度测量通道。

2）调用 DAQmx 定时 VI 以指定硬件定时参数。采用数据采集硬件模块的内部时钟、连续采集模式和固定的采集频率。

3）调用 DAQmx 开始任务 VI 执行程序，开始数据采集。

4）调用 DAQmx 读取 VI，读取 N 个数据样本并利用图形控件和温度计控件进行温度显示。

5）调用 DAQmx 清除任务 VI 清除测量任务。

6）如果程序出错，应用弹出式对话框显示相应的错误信息。

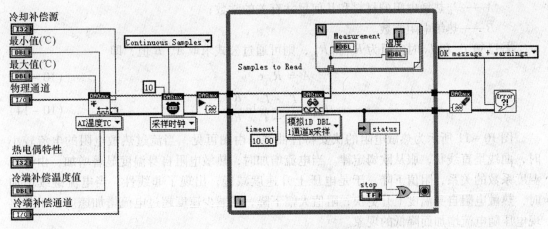

图 10 - 9　热电偶温度测量实验程序框图

（9）改变温度源的温度，每隔5℃记下热电偶的输入值，直到温度升至测量上限，将温度值和对应的电压值记录下来。

10.2.7　实验报告和要求及结果分析

（1）根据前一节记录下的实验数据，做出热电偶传感器的电压温度曲线，分析K、E型热电偶的温度特性曲线，并计算其非线性误差。

（2）编写温度测量平均程序，滤去信号测量中的噪声信号。

10.3　热敏电阻温度测量实验

10.3.1　热敏电阻的特点

热敏电阻是用半导体材料制成的热敏器件。按物理特性，可分为以下三类：

（1）负温度系数热敏电阻（NTC）；

（2）正温度系数热敏电阻（PTC）；

（3）临界温度系数热敏电阻（CTR）。

由于负温度系数热敏电阻 NTC 测量范围较宽，在温度测量方面应用较为普遍；而 PTC 突变型热敏电阻的温度范围较窄，一般用于恒温加热控制或温度开关，也用于彩电中做自动消磁元件。有些功率 PTC 也做发热元件用。PTC 缓变型热敏电阻可用做温度补偿或温度测量。

一般的 NTC 热敏电阻测温范围为：$-50 \sim +300℃$。热敏电阻具有体积小、重量轻、热惯性小、工作寿命长、价格便宜，并且本身阻值大，不需要考虑引线长度带来的误差，适用于远距离传输等优点。但热敏电阻也有：非线性大、稳定性差、有老化现象、误差较大、一致性差等缺点。一般只适用于低精度的温度测量。

图 10 - 10 为负温度系数热敏电阻的电阻 - 温度特性曲线，可以用如下经验公式描述：

$$R_T = A\mathrm{e}^{\frac{B}{T}}$$

$$(10 - 12)$$

式中　R_T——温度为 $T(\mathrm{K})$ 时的电阻值；

A——与热敏电阻的材料和几何尺寸有关的常数;

B——热敏电阻常数。

若已知 T_1 和 T_2 时电阻为 R_{T_1} 和 R_{T_2},则可通过公式求取 A、B 值,即

$$A = R_{T_1} e^{-\frac{B}{T_1}} \tag{10-13}$$

$$B = \frac{T_1 \cdot T_2}{T_2 - T_1} \ln \frac{R_{T_1}}{R_{T_2}} \tag{10-14}$$

图 10-11 所示为热敏电阻的伏安特性曲线。由图可见,当流过热敏电阻的电流较小时,曲线呈直线状,服从欧姆定律。当电流增加时,热敏电阻自身温度显著增加,由于负温度系数的关系,阻值下降,于是电压上升速度减慢,出现了非线性。当电流继续增加时,热敏电阻自身温度上升更快,阻值大幅下降,其减少速度超过电流增加速度,于是出现电压随电流增加而降低的现象。

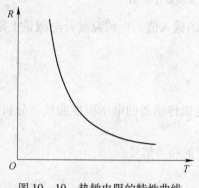
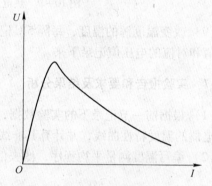

图 10-10　热敏电阻的特性曲线　　　　图 10-11　热敏电阻的伏安特性

热敏电阻的严重非线性,是扩大测温范围和提高精度必须解决的关键问题。解决办法是,利用温度系数很小的金属电阻与热敏电阻串联或并联,使热敏电阻阻值在一定范围内呈线性关系。除采用硬件电路外,利用计算机实现较宽温度范围内的线性化校正是目前的发展趋势。

10.3.2　实验目的

了解 NTC 热敏电阻现象,NTC 的测量电路组成与温度测量方法。

10.3.3　实验环境与设备

(1) 加热器(电吹风);

(2) SCXI-1000 信号调理箱 1 套;

(3) SCXI-1121 信号调理模块、SCXI-1320 信号连接端子 1 套;

(4) SCXI-1600 数字化仪 1 套;

(5) IPR 热敏电阻 1 只;

(6) 微型计算机、LabVIEW 8.5。

10.3.4　实验内容与步骤

(1) 参照图 10-12 将热敏电阻与 SCXI-1320 信号连接端子进行连接,热敏电阻的一

对输入线分别接 SCXI-1121 的 0 信号输入通道，即图中的 V_0 接激励通道 0。

图 10-12 中的 I_{EX} 接激励通道 0 的正极螺栓连接端子，负极接激励通道 0 的负极螺栓连接端子。

（2）设定信号激励方式。根据 PT100 温度传感器的特性，应采用电流激励，激励电流设置为 $150\mu A$。

SCXI-1121 的 0 激励通道的激励模式设置跳线为 W14 和 W15（全部连接 2-3），激励电流的设置跳线为 W16 和 W26（全部连接 2-3），根据使用手册正确设置。

（3）设定放大增益和低通滤波器带宽。SCXI-1121 的 0 激励通道的两级增益设置跳线分别为 W3 和 W4，设置放大倍数为 200，其中第一级为 10（W3 置 C），第二级为 20（W4 置 E）。

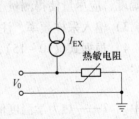

图 10-12　热敏电阻与 SCXI-1320 连接端子的接线

（4）在 MAX 中配置相应信号通道的激励方式、激励信号大小、信号输入放大倍数、信号连接端子等。

（5）热敏电阻温度测量前面板的设计。图 10-13 是热敏电阻温度测量实验的虚拟仪器前面板。实验步骤如下：

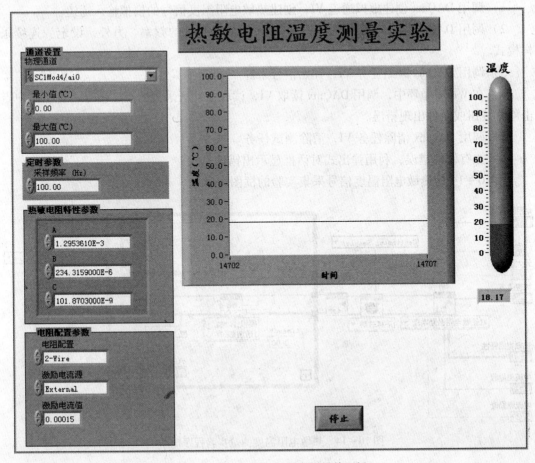

图 10-13　热敏电阻温度测量前面板

1）选择热敏电阻温度信号输入的物理通道。

2）输入温度测量范围的最小值和最大值，与 RTD 和热电偶温度测量一样，这儿也需根据输入信号大小和调理信号的增益，计算确定相应的测量上下限，当然，为获得更好的准确度，应尽量使得测量范围与欲测量的温度范围一致。

3）输入采样频率，注意采样频率必须大于温度信号最高频率的 2 倍。

4）根据式（10 – 15），确定热敏电阻的 A、B、C 参数值，并输入到程序中：

$$\frac{1}{T} = A + B\ln(R) + C\ln(R)^3 \tag{10 – 15}$$

式中　　T——热力学温度值，K；

　　　　R——被测的电阻值，Ω；

A，B，C——由生产厂家提供的常数。

由于热敏电阻自身阻值高，电阻的引出线不会影响测量的准确性，不同于 RTD 温度传感器，对于热敏电阻而言，两线制测量温度就已经足够了。

5）输入电阻配置参数、电流激励源和激励电流的值。

（6）热敏电阻测量实验虚拟仪器框图程序的开发。对应于图 10 – 13 的示例前面板，其虚拟仪器框图的开发步骤如下：

1）调用 DAQmx 创建虚拟通道 VI，创建热敏电阻温度信号的模拟输入通道。

2）调用 DAQmx 定时 VI，设定数据采集硬件采样时钟的频率。另外，设定为连续采样模式。

3）调用 DAQmx 开始任务 VI，开始信号采样。

4）在 While 循环中，调用 DAQmx 读取 VI，读取缓冲区采集的温度信号，直至用户点击停止按钮或硬件出现错误。

5）调用 DAQmx 清除任务 VI，清除测试任务。

6）如有硬件错误，利用弹出式对话框显示出错信息。

图 10 – 14 是热敏电阻温度信号采集实验的框图程序。

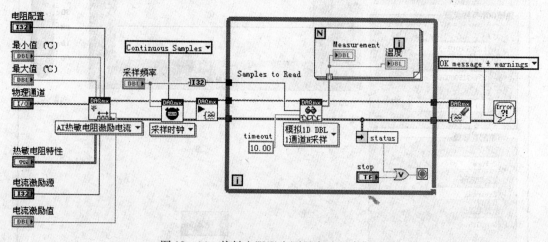

图 10 – 14　热敏电阻温度测量实验程序框图

10.3.5 实验报告

编写热敏电阻测温虚拟仪器程序，要求能够自动记录温度和热敏电阻输入电压，并做出其关系曲线。

> ## 思 考 题

10 – 1 热电阻温度测量时，低通滤波器的截止频率如何设置？

10 – 2 热电阻测温是利用的热电效应，请思考热电效应的逆效应有什么用途，试设计其应用电路，并加以简要说明。

10 – 3 如果你手中有这样一个热敏电阻，想把它用到一个 0 ~ 50℃温度测量电路，你认为该怎样实现？要求编写其 LabVIEW 程序。

提示：测量的基本原理是通过检测热敏电阻的电气参数来间接测量温度，使用一个热敏电阻 R_t、一个分压电阻 R_0。热敏电阻和分压电阻形成分压电路，热敏电阻随着温度变化而变化，电压也就随着变化。所以只要得到电压值，就可以得出热敏电阻的阻值。由于要测量的是温度而不是热敏电阻的阻值，为此还需确定热敏电阻的阻值 R_t 和需要检测的温度 T 之间的关系。根据温度 – 阻值表，通过测得的 R_t 阻值来反查出所测温度。

第 11 章 压力测量实验

~~~~~~

本章提要: 学习压力传感器的工作原理和标定方法,学习压力测量虚拟仪器系统的组成、原理与仪器使用方法。学习如何利用虚拟仪器技术构建压力测量系统,掌握利用 LabVIEW 语言开发压力测量程序的方法。

~~~~~~

液压与气压系统在现代机械装备中的应用十分广泛,其工作状态直接关系到机械装备的能否正常运行。而压力作为液压与气压系统最重要的状态参数,与机械设备的运行状态、工作效率和故障状态密切相关。本章的实验主要是帮助实验人员了解和掌握压力传感器的基本工作原理和压力信号的采集方法。

目前机械装备尤其是工程机械上压力测量常用电子式压力检测系统,主要是利用敏感元件将被测压力直接转换成如电阻、电压、电容、电荷量等各种电量进行测量的仪表。基于此原理工作的仪表有应变片式、霍尔片式、电容式和压电式等传感器。

11.1 实验目的

(1) 掌握压力传感器静态特性标定的方法和仪器的使用方法;
(2) 了解压力测量的原理与测量电路;
(3) 应用虚拟仪器技术和开发平台,编写标定试验程序,并记录实验数据;
(4) 根据实验记录数据,编程实现被标定的压力传感器的特性曲线绘制,并求出灵敏度、线性度和回差。

11.2 实验环境与设备

(1) SCXI – 1000 信号调理箱、SCXI – 1600 数字化仪 1 套;
(2) SCXI – 1125 信号调理模块、SCXI – 1338 信号连接端子 1 套;
(3) 扩散硅压阻式压力传感器 1 只;
(4) 压力传感器静态标定实验台 1 套;
(5) 微型计算机、LabVIEW 8.5。

11.3 实验原理

11.3.1 扩散硅压阻式压力传感器的工作原理

在具有压阻效应的半导体材料上用扩散或离子注入法,形成 4 个阻值相等的电阻条。

并将它们连接成惠斯通电桥，电桥电源端和输出端引出，用制造集成电路的方法封装起来，制成扩散硅压阻式压力传感器。

在传感器内部的承压膜片上，制作有 X 型硅压力传感器，在一个方向上加偏置电压形成电流 i。当敏感芯片没有外加压力作用时，内部电桥处于平衡状态。当传感器受压后产生剪切力的作用，在垂直电流方向将会产生电场变化 $E = \Delta\rho \cdot i$，该电场的变化引起电位变化，则在输出端可得到与电流垂直方向的两侧压力引起的输出电压 $U_\circ$。

$$U_\circ = d \cdot E = d \cdot \Delta\rho \cdot i \qquad (11-1)$$

式中，d 为元件两端距离。

11.3.2　SCXI-1338 信号连接端子

SCXI-1338 是一种具有抗屏蔽性能的螺栓连接方式的电流输入信号连接端子，可配接 SCXI-1120、SCXI-1120D、SCXI-1125 和 SCXI-1126 等多种信号调理模块。SCXI-1338 上设置有 8 个 249Ω 的精密线绕电阻，用于测量 0～20mA 或 4～20mA 过程电流信号时将电流转换为电压信号。

把通过 SCXI 总线模块读取的电压信号转换为实际测量的电流信号，可按下式计算：

$$I_{实际} = \frac{U_{测量}}{249} \qquad (11-2)$$

对应于 4～20mA 电流信号，所测电压的范围为 0.996～4.98V。

SCXI-1338 既可用于电流测量，也可用于电压测量。当用于电压测量时，必须拆除输入通道上的电流环电阻。

11.3.3　压力测量系统原理

本实验对压力传感器的静态特性进行标定，采用活塞压力计提供标准压力源，图 11-1 为压力产生系统工作原理图。被测压力传感器（或压力计）通过油路与高精度标准压力计作用腔、手摇泵连通，由于手摇泵产生的压力 P 作用于标准压力计、被校压力传感器，系统平衡后，压力传感器所承受的压力 P 即等于标准压力计的读出压力。

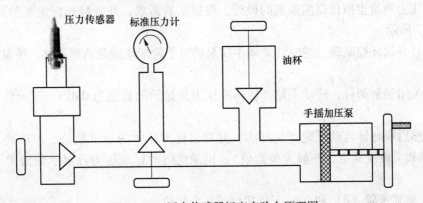

图 11-1　压力传感器标定实验台原理图

压力传感器由直流稳压电源提供直流电压，其输出的电压或电流信号接入 SCXI-1338 信号连接端子，进行信号的调理放大和变换，通过虚拟仪器软件进行信号的采集和记录。图 11 - 2 是传感器的信号传输流程图。

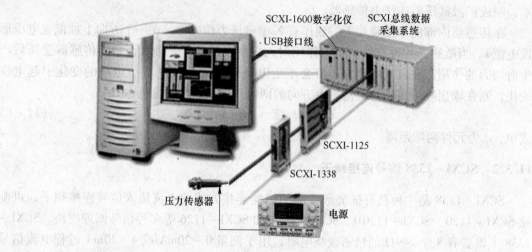

图 11 - 2　压力传感器信号传输

11.4　实验内容与步骤

（1）按图 11 - 1 组装传感器测试系统。

（2）如图 11 - 2 所示，将压力传感器的电源输入线接稳压电源输出端子，传感器的信号输出线接 SCXI - 1338 信号连接端子的 0 通道。

（3）打开直流稳压电源，调节输出电压至传感器要求的数值。

（4）打开 SCXI - 1000 信号调理箱的电源开关，进行自检，待自检正常后，转入下一步。

（5）进入 MAX 硬件配置程序，设置 SCXI - 1125 信号调理模块的输入通道及信号连接端子。

（6）压力测量虚拟仪器前面板的设计，根据实验需求，开发静态标定实验的前面板，如图 11 - 3 所示。

（7）打开油杯控制阀，逆时针旋动手摇泵摇臂手轮带动油泵活塞右移，使泵腔内充满油液。

（8）关闭油泵阀针，转动手轮，使标准压力计显示的数值为 0MPa，记录传感器的输出数值。

（9）然后顺时针转动手轮产生压力，并观察标准压力的显示数值，加压到一定数值（视传感器和灵敏度而定，一般为整数值），记录此时的标准压力计显示数值 P 和传感器输出值。

（10）重复步骤（8）和（9），依次记录各个数值。

（11）当压力值显示到达被测传感器的满量程时，则逆时针旋动手轮，逐渐减小压力，在此过程中，同样记录下各个数值。

（12）重复进行上述步骤，直至压力降到 0MPa 为止，将所有测试数据记录下来。

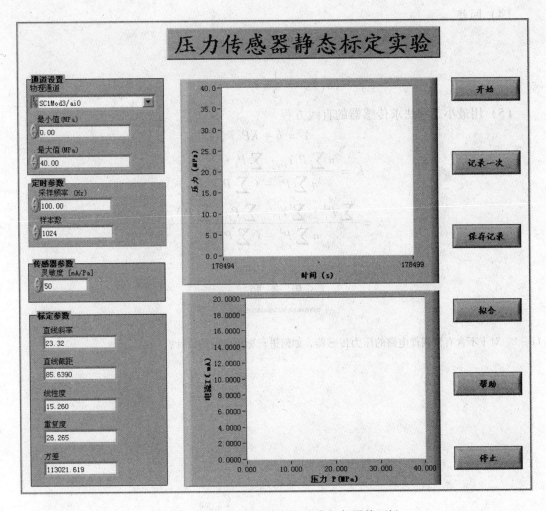

图 11 – 3　压力传感器静态标定虚拟仪器前面板

（13）根据记录数值，做出传感器的标定曲线。

11.5　实验报告与要求

（1）利用 LabVIEW 编程做出被标定传感器的 $Y-P$ 特性曲线。

（2）求灵敏度

$$S = \frac{\Delta Y}{\Delta P}$$

$$S' = \frac{\Delta Y}{\Delta U_{桥}}$$

（3）求线性度

$$e = \frac{(\delta_1)_{max}}{Y_{max}} \times 100\%$$

式中，$(\delta_1)_{max}$ 为最大线性误差；Y_{max} 为量程。

（4）回差

$$\varepsilon_{回} = \frac{(\delta_Y)_{回}}{Y_{max}} \times 100\%$$

$$(\delta_Y)_{回} = \frac{1}{2}(Y'' - Y')$$

（5）用最小二乘法求传感器的直线方程

$$Y = b + KP$$

$$K = \frac{n\sum P_i Y_i - \sum P_i \cdot \sum Y_i}{n\sum P_i^2 - (\sum P_i)^2}$$

$$b = \frac{\sum P_i^2 \cdot \sum Y_i - \sum P_i \cdot \sum P_i Y_i}{n\sum P_i^2 - (\sum P_i)^2}$$

思 考 题

11-1　对于不含有预调理电路的压力传感器，如何进行标定电路的设计？

第 12 章　应变式传感器测量力与扭矩参数实验

本章提要：学习利用虚拟仪器技术构建应变测量系统的原理与方法。学习应变传感器的工作原理和静态标定方法，学习力传感器和数字式测力计的工作原理和扭矩检测系统的设计方法。编写力矩检测与传感器标定的虚拟仪器程序。

应变测量是分析研究材料结构强度和材料机械性能的一种重要手段。目前在各种应变测量方法中，应用广泛的仍为电阻应变式电测法，所用的应变片也多为金属箔式电阻应变片。应变片及应变测量法可以用于多种传感器上进行机械参数的测量，如力、压力、重量、扭矩、流量、液位、温度以及位移等的测量。传统的应变测量系统组成形式固定，缺少智能性与灵活性，调试和使用烦琐，不能对测量数据作进一步的分析、处理与存储，功能单一且不易扩展。由于虚拟仪器技术所具有的无与伦比的优越性，再辅之以相应的基础硬件平台构建智能应变测量传感器系统，能够解决许多传统的应变测量系统和应变传感器难以解决的问题，而且通过功能扩展，用不同的传感器和调理电路，可以测量多种参数。本章构建了虚拟智能式应变测量系统，可以精确演示应变式传感器的工作原理，并在更换传感器基础上构成一个多通道、多功能开放式应变传感器测量系统，进行机械装备的工作参数，如力和力矩等的测量。

12.1　电阻应变片传感器灵敏度测量实验

12.1.1　实验目的

（1）掌握电阻应变片直流电桥的工作原理和特性；
（2）掌握虚拟仪器技术开发和编写应变测量系统硬软件的方法；
（3）掌握电阻应变传感器的静态标定和实际应用方法。

12.1.2　实验类型

设计性实验。

12.1.3　实验环境与设备

（1）SCXI – 1000 信号调理箱及 SCXI – 1600 数字化仪 1 套；
（2）SCXI – 1121 信号调理模块及 SCXI – 1321 信号连接端子 1 套；
（3）等截面悬臂梁与加载砝码 1 套；
（4）微型计算机、LabVIEW 8.5 软件。

12.1.4   实验原理

12.1.4.1   基于 Wheatstone 电桥的应变片及应变传感器测量原理

Wheatstone 电桥式应变片测量系统具有测量精度高、适用范围广等特点，并可扩展到热电偶、热电阻、铂热电阻温度传感器、伏或毫伏级电压测量和电流环的测量中去，因而在应变片和应变式传感器的测量中占有十分重要的地位。以 SCXI - 1000 信号调理系统和 SCXI - 1121 四通道激励/放大信号调理模块为基础，组建了应变片及应变传感器测量系统。

12.1.4.2   电桥偏移消除电路

SCXI - 1321 上设置了各个通道的电桥的偏移电压消除电路和零偏补偿电路，其原理图如图 12 - 1 所示。

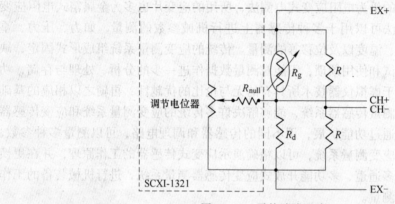

图 12 - 1   零偏消除电路

零偏消除电路工作于全桥、半桥和四分之一桥及其他的应变传感器中。每一通道都设置有相应的零偏消除电路。零偏消除电路的电压调整范围可用下式计算：

$$V_{消零} = \pm \left| \frac{V_{exc}}{2} - \frac{V_{exc} R_d (R_{null} + R_g)}{R_{null} R_g + R_d (R_{null} + R_g)} \right| \qquad (12-1)$$

式中，R_g 为正常情况下的应变片阻值；R_d 既可为应变片的镜像电阻的阻值也可为第二应变片的正常阻值；R_{null} 为零偏消除电阻的阻值；V_{exc} 为电桥的电源激励电压。

假定应变片的应变系统 $G_F = 2$ 且电桥为单臂配置，那么零偏调整范围可由下式给出，其值相当于 $\pm 1.498 \mu\varepsilon$。

$$\varepsilon = \frac{-4V_r}{G_F (1 + 2V_r)} \qquad (12-2)$$

式中 $V_r = \dfrac{形变后电压 - 静态未形变电压}{V_{exc}}$。

12.1.4.3   应变标定电路

由于应变测量过程的信号是动态变化的，所以在动态应变的测量过程中为确定已记录的波形数据所对应的应变数值，一般采用标定的方法。标定方法分为两种，一种是机械标定法，在等强度梁上贴好应变片，令梁产生标准应变，此时可以采集到一定大小的电信号，以此为基准来度量对应于被测动应变的测量信号所代表的应变值。这种方法在现场测量过程中使用极为不便，因此通常采用另一种方法，即在测量电桥上设置标定电路，由标定电路给出代表一定标准应变的信号，与对应于被测应变的输出信号进行比较，这种方法方便可靠，多采用桥臂并联电阻法来进行标定工作。

标定的原理为，在 SCXI–1121 每通道的测量电桥上并联精密的大电阻，各通道的标定电路是分别独立的，但其共同受一个信号的控制。如图 12–2 所示，测量过程中，当 SCXI–1121 上的 SCAL 设为 1 时，所有的并联电阻控制开关均接通；而当 SCAL 设为 0 时则所有的开关均断开。该标定电路的作用是当需要标定信号时在应变片所在桥臂上并联标定电阻。并联电阻 R_{SCAL} 插接在电路中，可方便地更换为其他阻值的电阻以获得所需的标定信号。SCXI–1321 上的并联电阻阻值为 $301k\Omega \pm 1\%$。

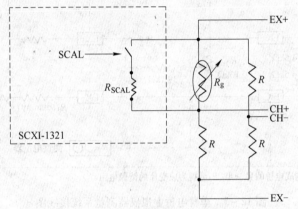

图 12–2　应变标定电路

假定采用四分之一电桥配置且应变片的灵敏度系统 K 为 2，R_{SCAL} 与 R 并联电阻在桥路中引入的等应变为 $-199\mu\varepsilon$。等效应变的计算过程如下：

首先计算并联电阻引起的桥路电压变化

$$V_{change} = \frac{V_{exc}R_d(R_{SCAL}+R_g)}{R_{SCAL}R_g + R_d(R_{SCAL}+R_g)} - \frac{V_{exc}}{2} \qquad (12-3)$$

然后用 V_{change} 取代四分之一桥中的应变电压，上式将产生 $-199\mu\varepsilon$ 的等效应变。

12.1.5　实验内容与要求

（1）熟悉各部件配置、功能、使用方法、操作注意事项和附录等；

（2）开启 SCXI–1000 电源，按使用说明书要求，调整 SCXI–1321 的零偏，使电桥输出为 0；

（3）调零后电位器位置不要变化，并关闭 SCXI–1000 调理箱电源；

（4）按图 12–3 将实验部件用实验线连接成测试单臂桥路；

（5）确认接线无误后，开启 SCXI–1000 信号调理箱电源，同时预热数分钟，重新调整电位器，使测试系统输出为零；

（6）在等截面悬臂梁吊架上加测试砝码，每加一个在虚拟仪器前面板上输入砝码值，虚拟仪器软件自动记录电桥电压输出值，在后台生成表格文件；

（7）在虚拟仪器测试软件中，利用最小二乘法单臂电桥电压输出灵敏度 S，$S = \Delta V/\Delta m$，并做出 $V-m$ 关系曲线；

（8）改变应变桥，分别接成半桥、全桥，按照前述方法再行测量；

（9）比较两种应变桥的灵敏度，并给出定性结论。

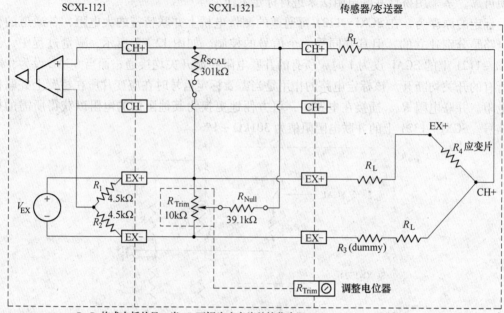

R_1、R_2 构成电桥的另一半；R_3 可视为应变片的镜像电阻。

图 12 – 3　单臂电桥虚拟仪器测量系统接线图

R_4—工作臂应变片（受力符号）；R_L—引线电阻；R_{Trim}—调零电位器；直流激励电源为 3.333V

12.1.6　指导要点

（1）电阻应变片的工作原理；

（2）实验电路图的连接；

（3）电桥放大电路输出调零；

（4）应变片接入电桥时注意其受力方向，要接成差动形式。

12.2　力矩检测实验

12.2.1　实验目的

（1）掌握力传感器和数字式测力计的工作原理；

（2）掌握扭矩检测系统设计方法；

（3）进一步熟悉电阻应变仪的使用，掌握全桥法测应变的实验方法；

（4）学会编写力矩检测虚拟仪器程序。

12.2.2　实验类型

设计型实验。

12.2.3 实验环境与设备

(1) SCXI – 1000 信号调理箱及 SCXI – 1600 数字化仪 1 套。

(2) SCXI – 1121 信号调理模块及 SCXI – 1321 信号连接端子 1 套。

(3) 弯扭组合试验台 1 台。

(4) 数字式应变测力计 1 套。

(5) 微型计算机、LabVIEW 8.5 软件。

12.2.4 实验原理

12.2.4.1 应变式扭矩传感器的测量原理

应变式扭矩传感器是通过测量与扭矩有关的其他物理量（如轴体的扭转变形和应力等）来实现的。由材料力学可知，在扭矩 M 的作用下，轴体表面上沿与轴线成 45° 和 135° 倾角方向产生主应力 σ_1 及 σ_2，其数值与轴体表面最大剪应力 τ_{max} 相等，即

$$\tau_{max} = \sigma_1 = -\sigma_2 \tag{12-4}$$

与 σ_1 及 σ_2 对应的主应变为 ε_1 及 ε_2，则

$$\varepsilon_1 = \frac{\sigma_1}{E} - \mu \frac{\sigma_2}{E} \tag{12-5}$$

$$\varepsilon_2 = \frac{\sigma_2}{E} - \mu \frac{\sigma_1}{E} \tag{12-6}$$

又

$$\varepsilon_1 = -\varepsilon_2$$

式中，E 为材料的弹性模量；μ 为材料的泊松比。

当轴体的断面系数为 W 时，则有

$$\varepsilon_1 = -\varepsilon_2 = \left(\frac{1+\mu}{E}\right)\frac{M}{W} \tag{12-7}$$

ε_1（或 ε_2）与被测扭矩成正比，只要通过测量转轴表面的扭转主应变即可得出所测扭矩。

12.2.4.2 全桥应变测量接线

将弯扭组合实验台的扭矩检测应变片分别构成全桥，按差动接法分别接入 SCXI – 3121 的信号输入 1 通道和激励信号 1 通道，其接线图如图 12 – 4 所示。

12.2.4.3 应变式力传感器检测力矩原理

通过应用应变式力传感器进行力矩参量的检测，采用电桥电路及放大器电路将力参量转换为电压量，通过 SCXI – 1121 信号调理模块的采集，并进行数据处理及工程量变换，最终得到力矩值。

12.2.5 实验内容与要求

(1) 根据实验设备设计实验电路、绘制连线图，并完成 SCXI 总线数据采集系统的设计及线路连接。

(2) 检查实验电路。

(3) 打开测力计开关，进行力的检测，乘以力臂值，得到力矩值，对应各个力矩点，测量输出电压。

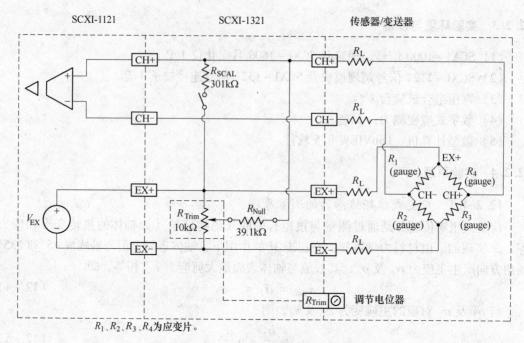

图12-4　全桥应变测量接线原理图

（4）进行连续数据采集，在实验中，给出连续变化的力矩参量，使系统进行连续的力矩参量的检测并进行数据记录。

（5）分析、计算、处理实验数据，采用相应的数据处理方法以减小随机误差及系统误差。

（6）用 LabVIEW 软件编写程序，进行工程量变换，显示相应的应变和所采集的力矩值。示例前面板如图12-5所示，相应的实验流程如下：

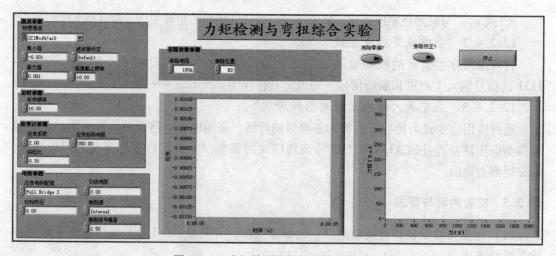

图12-5　力矩检测虚拟仪器前面板示例

1）输入物理通道，设定与这些物理通道连接应变传感器（应变片）的配置属性参数，其中最大值、最小值指定了被测应变的测量范围。

设定低通滤波器的特性参数。默认值表示对于选定的数据采集硬件取其默认滤波器设置和截止频率参数。使能选项将显式打开选定硬件的滤波器，禁用（Disable）则显示关闭滤波器。

2）确定所有的应变传感器都在卸荷状态。

3）可以选择是否进行应变调零，若选择，程序在完成软件消除零偏后会自动进行硬件零偏调整（要求硬件支持）。硬件消除零偏不会影响系统的测量范围而软件则会减少测量范围。

4）实验时也可以选择是否进行应变标定，如选择，系统会进行放大增益计算并完成应变标定。

5）运行该 VI，在程序开始绘图操作前不要进行应变的加载工作。

（7）力矩检测虚拟仪器框图程序的设计。框图程序的设计主要步骤如下：

1）调用 DAQmx 创建虚拟通道 VI，为应变输入通道生成一个应变输入任务。

2）调用 DAQmx 定时 VI，设定系统采样的定时参数，采样模式设定为连续采样。

3）调用属性节点设置滤波器参数。

4）如果选择零偏校正选项，调用 DAQmx 零桥误差校准 VI 进行硬件和软件误差校正。

5）调用 DAQmx 执行分流校准 VI，进行电桥旁路分流校准（应确定电路设置有分流电阻）。

6）调用 DAQmx 开始任务 VI 进行应变和力矩测试。

框图程序如图 12 – 6 所示。

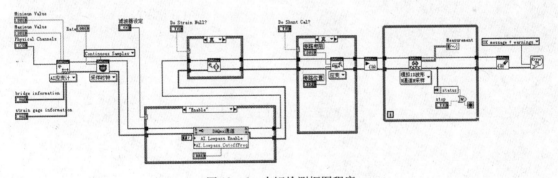

图 12 – 6　力矩检测框图程序

12.2.6　指导要点

（1）利用 LabVIEW 虚拟仪器开发软件开发应用程序，显示和记录加载力传感器的荷载 – 电压（应变）关系曲线。

（2）开发显示、计算和记录组合梁的应变 – 扭矩关系曲线的程序。

（3）详细写出设计方案、组成框图、性能参数指标、电气接线图、实验方案（包括实验步骤、表格、数据分析与处理方法）。

12.2.7　虚拟仪器实验系统开发提示

（1）注意在 Measurement & Automation Explorer（MAX）中配置信号调理卡。

（2）观察和熟悉弯扭组合试验台的组成结构，应变片、传感器的粘贴与布置等。

（3）搭建实验系统，将实验对象、信号调理电路、计算机及接口进行硬件连接，然后再逐步开发分析软件及调试。

（4）所有的信号接线均应在断电情况下进行。

（5）注意正确配置信号调理电路的各选项及各种参数，以最大限制减小误差。

（6）加卸载过程注意不要超出梁的弹性变形范围，以免梁产生永久变形。

思 考 题

12-1　请考虑半桥和全桥电路的测量方法，并画出原理图。

12-2　力矩测量时，如何进行传感器的标定？请画出原理图，并做简要说明。

第 13 章　基于 IEPE 传感器的振动测试实验

~~~~~~

本章提要：学习 IEPE 振动传感器构建的虚拟仪器振动测量系统的工作原理与配置方法。了解 SCXI 振动信号调理卡的工作原理，学习 LabVIEW 语言与 SCXI 振动信号采集系统硬件的集成方法，如何进行振动采集系统的参数选择与配置，如何用 LabVIEW 语言编写加速度信号采集程序。

~~~~~~

众所周知，振动存在于所有具有动力设备的各种工程机械及其他机械装备中，并成为这些装备的工作故障源以及工作情况监测信号源。通过监测机械装备的振动信号，加以处理分析，可以实现对机械装备工作状态的实时监控、预测和诊断机械设备的故障。目前，机械装备振动的监控和检测，多数采用压电式加速度传感器。

IEPE（Integrated Electronic Piezoelectric）振动传感器自带电荷放大器或电压放大器，对所采集的振动信号进行预调理。因为由加速度传感器产生的电量是很小的，因此传感器产生的电信号很容易受到噪声干扰，需要用灵敏的电子器件对其进行放大和信号调理。IEPE 中集成了灵敏的电子器件使其尽量靠近传感器以保证更好的抗噪声性并更容易封装。

IEPE 加速度传感器带有一个放大器和一个恒流源。电流源将电流引入加速度传感器。加速度传感器内部的电路使它对外表现为类似一个电阻。传感器的加速度和它对外表现出的电阻成正比，因此传感器返回的信号电压和加速度也成正比。放大器允许用户设置输入范围以充分利用输入信号，图 13 – 1 是 IEPE 加速度传感器的电气原理图。

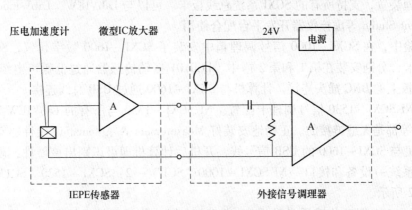

图 13 – 1　IEPE 传感器原理

13.1　实验目的

该实验利用 SCXI – 1000 及 SCXI – 1000DC 信号调理箱，它可以与多种信号调理卡，如 SCXI – 1125 多通道信号放大器、SCXI – 1530IEPE 压电传感器信号调理卡等配合使用。特别是，该信号调理箱可以与 LabVIEW 等虚拟仪器开发平台无缝链接，进行各种虚拟测试与信号采集系统的开发。

实验系统设计中用到了 SCXI – 1000 信号调理箱、SCXI – 1600 数字化仪、SCXI – 1530 四通道 IEPE 传感器信号调理卡、LC0101 振动传感器和转子实验台等硬件设备。通过采集实验台的振动信号，可判断实验台的轴承的故障状态等信息。

该实验演示了 LabVIEW 基本程序的开发技术与 LabVIEW 的硬件采集等技术，实验目的可概括如下：

（1）了解 LabVIEW 数据采集系统的工作原理与构建方法。

（2）掌握 IEPE 传感器振动采集系统的工作原理与构建方法。

13.2　实验类型

实验属于设计型。

13.3　实验环境及仪器

微型计算机、LabVIEW 软件、SCXI 信号调理箱、SCXI – 1600 数字化仪、SCXI – 1530 信号调理卡、LC0101 振动传感器、实验台（或实验电动机）。

13.4　实验原理

（1）NI SCXI 信号调理系统。NI SCXI – 1000 是一款多功能、低噪声、标准交流供电的信号调理装置，支持所有的 SCXI 系统总线板卡。可以与 LabVIEW、LabWindows/CVI 和 Measurement Studio 等虚拟仪器开发平台配合使用。

本实验中，在 SCXI – 1000 信号调理箱中安装了 SCXI – 1600 数字化仪，SCXI – 1530 信号调理卡，分别安装在第 1 和第 2 槽中。LC0101 振动传感器通过低噪声电缆与 SCXI – 1530 前面板上的 BNC 插头连接。计算机与 SCXI – 1600 通过 USB 总线连接。

（2）NI SCXI – 1530 信号调理卡配置。NI SCXI – 1530 与所有的 LabVIEW 和 LabWindows/CVI 等都是无缝链接的。正确地安装好 Measurement & Automation 硬件驱动包后，连接好计算机与 SCXI – 1600 的 USB 信号线，开机后计算机即可识别出该器件，硬件资源出现在我的系统→设备和接口→NI SCXI – 1000 "SC1"→2：SCXI – 1530 "SC1Mod2" 中，如图 13 – 2 所示。

（3）LC0101 振动传感器参数设定。LC0101 振动传感器的灵敏度为 100mV/g，量程 50g，主要用于模态试验等场合。本实验中需要注意是其激励电流与电压的设定。激励电流和电压均由 SCXI – 1530 信号调理卡提供，激励电流应满足传感器的需求，其典型值为 4mA 激励电流，激励电压 24V。

（4）创建加速度模拟输入通道。在 LabVIEW 的函数面板上，进入 "测量 I/O→DAQmx - 数据采集" 选板，选取 "DAQmx 创建虚拟通道" VI。该 VI 是多态 VI，其功能

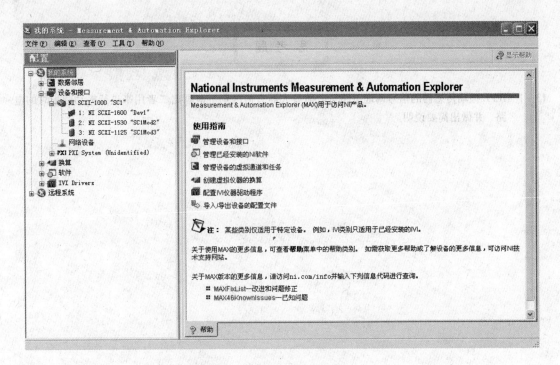

图 13 – 2　SCXI 信号调理硬件资源

是创建单个或多个虚拟通道，并将其添加至任务。虚拟通道的输入参数较多，应参考数据采集手册或帮助文档正确配置。

（5）配置传感器信号输入电路的接地类型和低通道截止频率。实验中的信号调理卡选用了 SCXI – 1530 四通道 IEPE 振动传感器信号模块，根据传感器和信号输入方式，设定电路的接地方式和信号截止频率。

（6）设定信号采集频率，并定义采集模式为连续采集。

（7）调用开始 VI 进行信号采集。

（8）设置循环结构，在其中进行波形数据的读取，直至用户点击停止按钮或系统出现故障为止。注意在该程序中，读取的是单通道或多通道采样数据，因而返回结果数组。单个通道数据的获取可利用数组索引函数来实现。

（9）调用任务清除函数进行资源释放和任务解除。

（10）如数据采集过程中出现错误，可利用弹出式对话框显示错误信息。

13.5　实验内容和要求

（1）利用 DAQ Assistant 进行虚拟通道的配置。

（2）编写加速度信号采集的 LabVIEW 程序。

（3）测量实验台的振动信号，并存储为 Excel 数据。

（4）根据测量信号求出实验台转速。

思 考 题

13 - 1　IEPE 振动传感器的信号调理电路与电荷放大器有何区别？请画出二者用来进行振动测量时的电路，并做出简要说明。

第 14 章　基于 LabWindows/CVI 的虚拟测试实验

~~~~~~

本章提要：学习虚拟仪器开发的重要工具——LabWindows/CVI 编程语言的使用方法。了解 Easy I/O for DAQ 函数库，掌握利用 NI DAQ 助手创建 DAQmx 任务或编辑 DAQmx 任务的方法。学习和掌握 LabWindows/CVI 的编程环境，掌握 LabWindows/CVI 环境中采集程序的主要流程。

~~~~~~

LabWindows/CVI 虚拟仪器开发平台能够实现数据高精度的连续采集、海量存储、实时监测和事后数据处理，并且提供了一些目前常用的信号分析和处理方法。特别是联合时频分析（JTFA，Joint Time Frequency Analysis），可以同时在时域和频域中对信号进行分析，有助于更好了解和处理特定的信号，是信号检测与估计的有力工具。

14.1　在 LabWindows/CVI 应用 DAQ 助手创建测试任务

14.1.1　实验目的

（1）初步掌握利用 LabWindows/CVI 实验数据采集的方法与步骤；
（2）了解 Easy I/O for DAQ 函数库；
（3）掌握利用 NI DAQ 助手创建 DAQmx 任务或编辑 DAQmx 任务的方法。

14.1.2　实验类型

实验属于验证型。

14.1.3　实验环境及仪器

微型计算机、LabWindows/CVI 软件、SCXI 信号调理箱、SCXI - 1600 数字化仪、SCXI - 1125 信号调理卡、正弦信号发生器。

14.1.4　实验原理

在 LabWindows/CVI 中，选择菜单：Tools→Create/Edit DAQmx Tasks，弹出创建编辑 DAQmx 任务对话框，如图 14 - 1 所示。

Create New Task in MAX：创建一个新任务，并存储到 MAX 中，可以使本机中的其他程序共享此任务。

Create New Task In Project：创建一个新任务，并存储到工程文件中，可以使用多个开发者共享源代码中的函数，从而提高开发效率。

Edit Existing Task：编辑一个已经存在的任务。

如果在图 14-1 中点击 OK 按钮，则会弹出创建新任务对话框，如图 14-2 所示。在该界面中可以选择测试任务的类型，如模拟输入、模拟输出、计数输入、计数输出、数字 I/O 及 TEDS 等。下面以 SCXI-1125 为例，选择"模拟输入"类型下的电压采集。

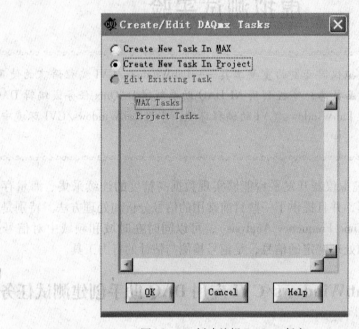

图 14-1　创建编辑 DAQmx 任务

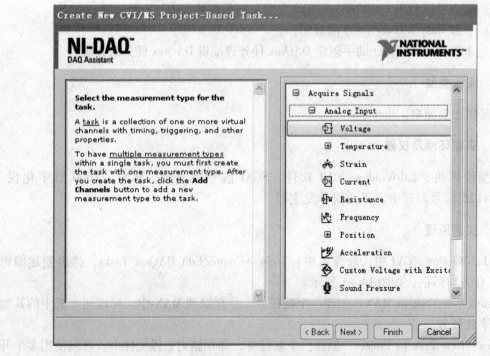

图 14-2　创建新的测试任务

选择完成后，则弹出选择通道窗口，如图 14-3 所示。在此窗口中选择测试任务所需的通道号。如果想选择多个通道，可按住 Ctrl 键点击鼠标左键进行选择。设置完成，选择完成按钮，则进入 DAQ 助手对话框，为该任务设置任务名，如图 14-4 所示。

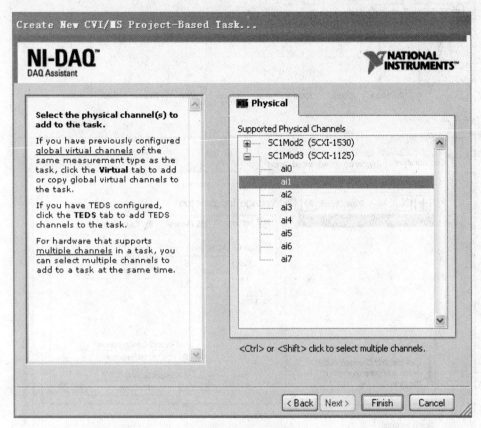

图 14-3 通道选择

在图 14-4 所示对话框中可以设置电压的输入范围、信号的输入方式、采样频率以及保存 DAQmx 任务等。设置完成后，点击 OK 按钮则在当前工程中产生板卡数据代码。DAQmx 任务的源代码包含三个文件，分别为：DAQTaskInProject. c、DAQTaskInProject. h 和 DAQTaskInProject. mxb。其中，DAQTaskInProject. c 为 DAQmx 任务采集程序的源代码文件，包含有各种采集函数；DAQTaskInProject. h 为 DAQmx 任务采集程序的头文件，在头文件中定义了采集程序函数，在其他文件中只需要包含了头文件就能使用采集函数；DAQTaskInProject. mxb 为二进制文件，包含了 DAQmx 任务的描述。当在工程中双击时，可以打开 DAQ 助手对话框，在其中做修改之后并保存，能够更新当前工程中的 DAQmx 任务。

在实验中，应用 DAQ 助手产生 DAQmx 任务，并将任务添加到当前工程中。在工程中新建一个用户界面文件，利用 SCXI-1125 来调理和采集电压信号。

具体过程包括：

（1）产生用户界面；

（2）产生并修改源代码。

用户界面如图 14-5 所示。

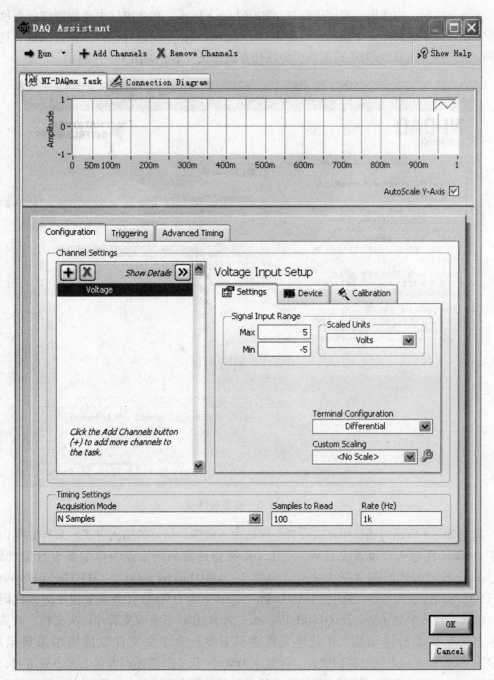

图 14 – 4　DAQ 助手

14.1.5　实验内容和要求

（1）编写应用 SCXI – 1600、SCXI – 1125 和 SCXI – 1000 等器件进行模拟电压采样的程序。

（2）按图 14 – 5 所示的界面，完成采集程序的设计。

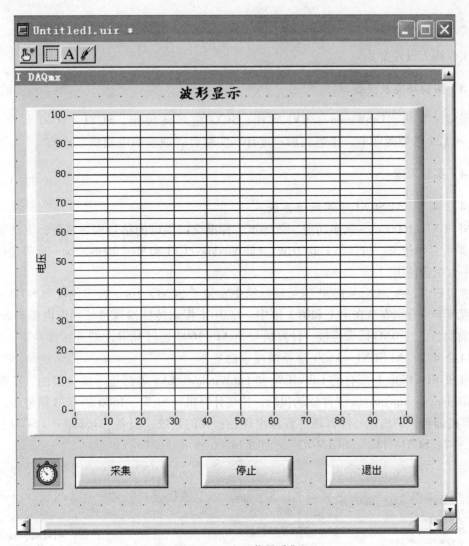

图 14 - 5　电压信号采集

14.2　基于 LabWindows/CVI 的振动信号采集

14.2.1　实验目的

利用 SCXI – 1600 数字化仪、SCXI – 1125 信号调理卡、YE5853B 电荷放大器以及压电式加速度实现单点振动信号采集，并将采集到的数据实时显示在 Graph 控件中。

该实验演示了 LabWindows/CVI 程序的开发技术和硬件采集等技术，实验目的可概括为：

（1）熟悉 LabWindows/CVI 的编程环境；

（2）掌握 LabWindows/CVI 环境中采集程序的主要流程；

（3）掌握振动采集系统的工作原理与构建方法。

14.2.2　实验类型

实验属于设计型。

14.2.3　实验环境及仪器

微型计算机、LabWindows/CVI 软件、SCXI 信号调理箱、SCXI – 1600 数字化仪、SCXI – 1125 信号调理卡、压电式加速度计、实验台（或实验电动机）。

14.2.4　实验原理

14.2.4.1　NI SCXI 信号调理系统

NI SCXI – 1000 是一款多功能、低噪声、标准交流供电的信号调理装置，支持所有的 SCXI 系统总线板卡。可以与 LabVIEW、LabWindows/CVI 和 Measurement Studio 等虚拟仪器开发平台配合使用。

本实验中，在 SCXI – 1000 信号调理箱中安装了 SCXI – 1600 数字化仪和 SCXI – 1125 信号调理卡，分别安装在第 1 和第 3 槽中。LC0101 振动传感器通过低噪声电缆与 SCXI – 1530 前面板上的 BNC 插头连接。计算机与 SCXI – 1600 通过 USB 总线连接。

14.2.4.2　NI SCXI – 1530 信号调理卡配置

NI SCXI – 1530 与所有的 LabVIEW 和 LabWindows/CVI 等都是无缝链接的。正确安装 Measurement & Automation 硬件驱动包后，连接计算机与 SCXI – 1600 的 USB 信号线，开机后计算机即可识别出该器件，硬件资源出现在：我的系统→设备和接口→NI SCXI – 1000 "SC1"→2：SCXI – 1125 "SC1Mod3"，如图 14 – 6 所示。

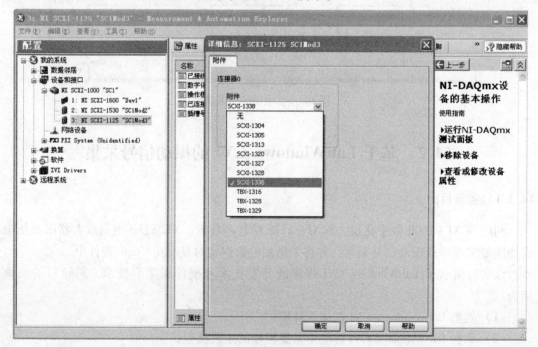

图 14 – 6　SCXI 信号调理硬件资源

14.2.4.3 采集程序流程

（1）创建采样任务；

（2）创建一个模拟电压输入通道；

（3）设定采样频率，定义采样模式为连续采样；

（4）调用 Start Function 开始采样；

（5）在回调函数中读取数据，直到按下停止按钮或采样进程出错为止；

（6）调用 Clear Task Function 清除任务；

（7）如果采样过程出错，则显示错误信息。

14.2.4.4 面向对象编程

LabWindows/CVI 编程中用到对象、面板、控件、回调函数及控件属性。对象编程是 LabWindows/CVI 的核心概念，面板及控件都是对象。

对象是数据和代码的组合。在 LabWindows/CVI 虚拟仪器的设计中，可将对象中的代码和数据当作一个整体来对待。属性和事件是对象的基本元素。在 LabWindows/CVI 中可以通过这两个元素来操纵和控制对象。对象的属性是反映对象特征的参数，可以通过控件属性对话框来设置属性。对象的事件是控件对象产生的行为，当事件发生时，对应的回调函数被激活，由回调函数来完成控件对应的功能。整个过程如图 14－7 所示。根据该过程进行实验程序回调函数的编写。

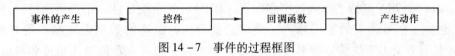

图 14－7 事件的过程框图

14.2.5 实验内容及要求

（1）编写应用 SCXI－1600、SCXI－1125 和 SCXI－1000 等器件进行模拟电压采样的程序；

（2）正确连接实验系统，实验系统由振动实验台、压电加速度计、电荷放大器、SCXI－1125、SCXI－1600 和信号调理箱 SCXI－1000 组成；

（3）模拟电压由电荷放大器 YE5852 输出，该电荷放大器的输入来自压电加速度计；

（4）要求程序界面提供物理通道、最大值、最小值、每通道采样数和采样频率的选择，信号波形显示在 Graph 控件中。

思 考 题

14－1 实验程序的开发中涉及虚拟通道和物理通道的概念，这是 LabWindows/CVI 程序中的重要概念，请叙述二者的特点与不同。

14－2 如何正确设定振动信号采集系统的低通滤波频率和采样频率？

第 15 章　Agilent 34970A 数据
采集仪集成测试实验

~~~~~~

本章提要：学习安捷伦 Agilent 34970A 数据采集系统的工作原理，学习利用该平台构建虚拟测试实验系统的方法。学习可编程仪器标准指令（SCPI）的操作与编程方法。如何用 LabVIEW 和 LabWindows/CVI 语言编写 Agilent 34970A 构成的数据采集系统测控程序。学习串口总线、GPIB 总线的工作原理与构建数据采集系统的方法。

~~~~~~

安捷伦 Agilent 34970A 是一种高性能、低价位的数据采集和开关主机，十分适于数据记录、数据采集和一般的开关与控制应用。它是一种半机架宽的主机，内部有 $6 1/2$ 位（22 比特）的数字电压表，其背面有 3 个插槽，可以接受开关与控制的模块组合。无论只需要少数几个简单的数据记录通道，还是上百个 ATE 性能的通道，Agilent 34970A 都能以合理的价格满足你的数据采集要求。

Agilent 34970A 包括了台式数字多用表（DMM）的功能特性，用户将从已经证明了的 Agilent 性能、信号调节的通用输入、全部的低价位、紧凑的数据采集结构等方面获益。34970A 具有 6 又 1/2 位的分辨率（22 比特）、0.004% 的基本直流电压精度和极低的读数噪声，加上高达 250 通道/s 扫描速率，你可以得到为完成工作任务所需要的速度和精度、强有力的适应能力。Agilent 34970A 的独特设计允许逐通道进行配置，以求达到最大的灵活性及快速方便设置内部的自动量程转换。DMM 有 11 种不同的直接测量功能，而不需要昂贵的外部信号调理。内部的温度转换程序可以 C、F 或 Kelvin 显示未处理过的热电偶、RTD 或热敏电阻的输入。利用标度转换可将线性传感器的输出直接转换到工程单位。

本章利用 Agilent 34970A 作为数据采集实验的硬件平台，进行相关的采集与控制实验。

15.1　Agilent 34970A 数据采集仪基本操作实验

15.1.1　实验目的

（1）了解 Agilent 34970A 数据采集仪的基本结构和功能；

（2）了解 Agilent 34901A 测量模块的基本功能和工作原理；

（3）学习 Agilent 34970A 数据采集仪使用面板进行数据采集的方法。

15.1.2　实验要求

（1）根据 Agilent 34970A 数据采集仪用户手册，掌握各开关、按钮的功能与作用；

（2）通过 Agilent 34901A 测量模块，分别对 J 型热电偶、Pt100、502AT 热敏电阻、直流电压、直流电流进行测量。

15.1.3 实验准备

15.1.3.1 Agilent 34970A 数据采集仪的基本性能

Agilent 34970A 数据采集仪是一种精度为 6 位半的带通讯接口和程序控制的多功能数据采集装置，外形结构如图 15 – 1 和图 15 – 2 所示。

图 15 – 1　Agilent 34970A 数据采集仪外形　　图 15 – 2　Agilent 34970A 数据采集仪后背板

Agilent 34970A 数据采集仪的性能指标和功能如下：

（1）仪器支持热电偶、热电阻和热敏电阻的直接测量，其中，热电偶：B、E、J、K、N、R、T 型，并可进行外部或固定参考温度冷端补偿；热电阻：$R_0 = 49\Omega \sim 2.1\mathrm{k}\Omega$、$\alpha = 0.000385$（NID/IEC751）或 $\alpha = 0.000391$ 的所有热电阻；热敏电阻：2.2 kΩ、5 kΩ、10 kΩ 型。

（2）仪器支持直流电压、直流电流、交流电压、交流电流、二线电阻、四线电阻、频率、周期等 11 种信号的测量。

（3）可对测量信号进行增益和偏移（Mx + B）的设置。

（4）具有数字量输入/输出、定时和计数功能。

（5）能进行度量单位、量程、分辨率和积分周期的自由设置。

（6）具有报警设置和输出功能。

（7）热电偶测量基本准确度：1.0℃，温度系数：0.03℃。

（8）热电阻测量基本准确度：0.06℃，温度系数：0.003℃。

（9）热敏电阻测量基本准确度：0.08℃，温度系数：0.003℃。

（10）直流电压测量基本准确度：0.002 + 0.005（读数的% + 量程的%）。

（11）直流电流测量基本准确度：0.08 + 0.01（读数的% + 量程的%）。

（12）电阻测量基本准确度：0.008 + 0.001（读数的% + 量程的%）。

（13）交流电压测量基本准确度：0.05 + 0.04（读数的% + 量程的%）（10Hz ~ 20kHz 时）。

（14）交流电流测量基本准确度：0.1 + 0.04（读数的% + 量程的%）（10Hz ~ 5kHz 时）。

（15）频率、周期测量基本准确度：0.01（读数的%）（40Hz ~ 300kHz 时）。

（16）具有系统状态、校准设置和数据存储等功能。

15.1.3.2 Agilent 34970A 数据采集仪的面板按钮功能与作用

（1）⌈Measure⌋ 在所显示的通道上配置测量参数：

1）在显示的通道上选择测量功能（直流电压、电阻等）；

2）选择温度测量的传感器类型；

3）选择温度测量的单位（℃、℉、K）；

4）选择测量量程或自动量程设置；

5）选择测量量程分辨率；

6）将测量配置复制和粘贴到其他通道。

（2）$\boxed{\text{Mx+B}}$ 为所显示的通道配置定标参数：

1）为所显示的通道设置增益（"M"）和偏移（"B"）值；

2）进行零测量并将它作为偏移量存储；

3）为所显示的通道指定自定义标记（RPM、PSI 等）。

（3）$\boxed{\text{Alarm}}$ 在所显示的通道上配置报警：

1）选择四个报警之一来报告所显示的通道上的报警条件；

2）为所显示的通道配置上限、下限或两者；

3）配置将启动报警的位模式（只适于数字输入）。

（4）$\boxed{\text{Alarm out}}$ 配置四个报警输出的硬件线路：

1）清除四个报警输出线路的状态；

2）为四个报警输出线路选择"Latch（锁存）"或"Track（跟踪）"模式；

3）为四个报警输出线路选择斜率（上升沿或下降沿）。

（5）$\boxed{\text{interval}}$ 配置控制扫描间隔的事件或动作：

1）选择扫描间隔方式（间隔、手动、外部或报警）；

2）选择扫描计数。

（6）$\boxed{\text{Advanced}}$ 在所显示的通道上配置高级测量特性：

1）在所显示的通道上配置测量的积分时间；

2）设置扫描时的通道至通道延时；

3）允许/禁止热电偶检查功能（只适于 T/C 测量）；

4）选择参考结来源（只适于 T/C 测量）；

5）允许/禁止偏移补偿（只适于电阻测量）；

6）为数字操作选择二进制或十进制方式（只适于数字输入/输出）；

7）配制计数器复位模式（只适于计数器）；

8）为计数器操作选择所检测的沿（上升或下降）。

（7）$\boxed{\text{Utility}}$ 配置系统相关的仪器参数：

1）设置实时系统时钟和日历；

2）查询主机和所安装模块的固件版本；

3）选择仪器的开机配置（上一个或出厂复位值）；

4）允许/禁止内部数字万用表；

5）加密/解密仪器以便校准。

（8）□View　查看读数、报警和错误：

1）从存储器中查看最后 100 个扫描读数（最后、最小、最大和平均）；

2）查看报警队列中的前 20 个报警（出现报警的读数和时间）；

3）选择仪器的开机配置（上一个或出厂复位值）；

4）查看错误队列中的 10 个错误；

5）读取所显示继电器的开关次数（继电器维护特性）。

（9）□St0/Rc1　存储和调用仪器状态：

1）在非易失性存储器中存储 5 种仪器状态；

2）为每个存储位置指定一个名称；

3）调用所存储的状态、关机状态、出厂复位状态或预置状态。

（10）□Mon　监视所选的通道。

（11）○Scan　运行扫描并将读数存储在存储器中。

（12）□Read　读取数据。

（13）□Write　编辑数据。

（14）◎　选择通道、参数。

（15）□□　选择槽数、查看多个数据。

（16）□Open　打开多路转换器上的所定的通道（即断开通道）。

（17）□Close　关闭多路转换器上的所定的通道（即闭合通道）。

15.1.4　实验内容

分别将 1 个 J 型热电偶、1 个 Pt100（$\alpha = 0.000385$）型热电阻、1 个 5 kΩ 型热敏电阻、1 个直流电压（0.2~1.5V）、1 个直流电流（10~100mA）接到 Agilent 34901A 测量模块（如图 15-3 所示）的 01、02、03、05、21 通道中，并分别对它们进行通道配置，最后采样扫描、读取数据。

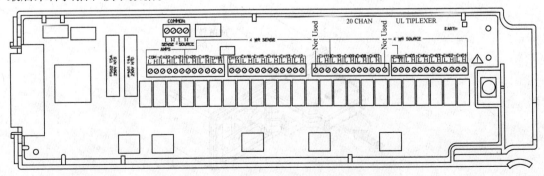

图 15-3　Agilent 34901A 测量模块

15.1.5　实验步骤

（1）按实验内容的要求将上述传感器和信号引线接到规定通道的接线端，并拧紧固定。具体方法如图 15 − 4 所示。

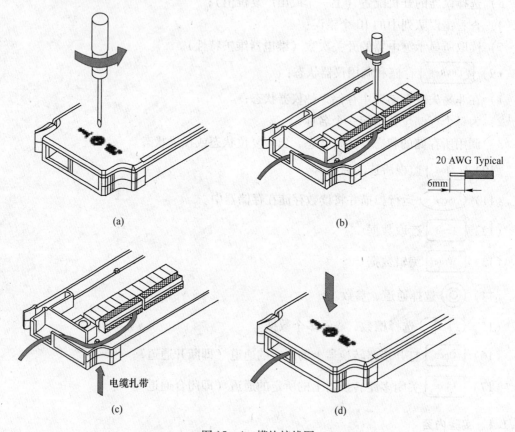

20 AWG Typical

6mm

(a)　　　　　　　　　　　　　　(b)

电缆扎带

(c)　　　　　　　　　　　　　　(d)

图 15 − 4　模块接线图

（a）用一字螺丝刀拧开盖板螺丝；（b）将引线接到规定通道的接线端；

（c）将引线沿槽绕出到出孔处；（d）重新盖好盖板并拧紧螺丝

（2）将 Agilent 34901A 测量模块插入 Agilent 34970A 数据采集仪背部的最上面的槽中（即 1 号槽）。如图 15 − 5 所示。

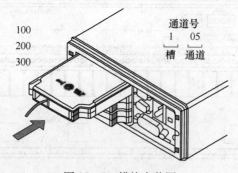

100
200
300

通道号

1　05

槽　通道

图 15 − 5　模块安装图

（3）打开电源开关按钮，设置各通道配置（以 J 型热电偶配置为例）：

1）用 ▭ ▭ 和 ◎ 按钮、旋钮选择 101 通道（在显示屏的 CHANNEL 框中显示出该通道为止）；

2）按键，再通过旋转 ◎ 旋钮，直到显示屏出现 TEMPERATURE（温度）；

3）再按 ☐Measure☐ 键（表示确定并继续设置），再通过旋转 ◎ 旋钮，直到显示屏出现 THERMOCOUPLE（热电偶）；

4）再按 ☐Measure☐ 键（表示确定并继续设置），再通过旋转 ◎ 旋钮，直到显示屏出现 J TYPE T/C（J 型热电偶，并带冷端补偿）；

5）再按 ☐Measure☐ 键（表示确定并继续设置），再通过旋转 ◎ 旋钮，直到显示屏出现 UNITS ℃（度量单位为摄氏度）；

6）再按 ☐Measure☐ 键（表示确定并继续设置），再通过旋转 ◎ 旋钮，直到显示屏出现 DISPLAY 0.1℃ （显示精度 0.1℃）；

7）再按 ☐Measure☐ 键，即可完成设置并退出。

其余各通道配置类似上述操作，具体步骤略。

（4）配置各通道后，按 ◯Scan◯ 按钮开始扫描。

（5）按 ☐View☐ 按钮，再通过旋转 ◎ 旋钮，直到显示屏出现 READINGS（读数）。

（6）按 ☐View☐ 按钮（表示确定），即可在显示屏上看到刚才扫描得到的读数，通过旋转 ◎ 旋钮，可以看到各通道的数据。此外，还可以通过 ▭ ▭ 按钮查看该各通道的最后值、最小值、最大值、平均值等数据。

（7）将各温度和直流信号的大小，重新采样并观测数据的变化情况。

15.1.6 实验报告

（1）总结 Agilent 34970A 数据采集仪基本功能，并分析与 A/D 采集卡的区别。

（2）写出 Pt100 热电阻和直流电流通道配置的步骤。

15.2 Agilent 34970A 数据采集仪远程操作实验

15.2.1 实验目的

（1）了解 Agilent 34970A 数据采集仪的远程接口的功能。

（2）了解 GPIB 总线的结构和工作原理。

（3）学习 Agilent 34901A 远程程控指令—SCPI 语言和程控控制的基本操作方法。

（4）学习 LabVIEW 虚拟仪器开发软件控制 Agilent 34970A 数据采集仪的编程方法。

（5）学习 LabWindows/CVI 虚拟仪器软件控制 Agilent 34970A 数据采集仪的编程方法。

15.2.2　实验要求

（1）掌握仪器远程接口的面板设置方法；

（2）分别采用 LabVIEW 和 LabWindows/CVI 进行编程，实现对 Agilent 34970A 数据采集仪进行远程通道配置、数据采集、显示等功能。

15.2.3　实验准备

15.2.3.1　Agilent 34970A 数据采集仪的远程接口的基本情况

Agilent 34970A 数据采集仪带有 RS - 232C 和 GPIB 两种通讯接口，在高精度测试的场合，采用 GPIB 接口进行通讯时，不但数据通讯质量高、性能稳定，而且传送数据的速度快（大约是 RS - 232C 的 10 倍）。

GPIB 是一个数字化的 24 脚并行总线，它包括 8 条数据线、5 条控制线、3 条挂钩线、7 条地线、1 条屏蔽线，使用 8 位并行、字节串行的双向挂钩和双向异步通讯方式。由于 GPIB 的数据单位是字节（8 位），数据一般以 ACSII 码字符串方式传送，传送速度一般可达 250 ~ 500KB/s，最高可达 1MB/s。

GPIB 的一个重要特点是连接方式为总线式连接，仪器直接并联在总线上，一个接口可连接 14 个 GPIB 接口的仪器，它们相互之间可以直接进行通讯。GPIB 有一个控者（PC机）来控制总线，在总线上传送仪器命令和数据，控者寻址一个讲者、一个或多个听者，数据串在总线上从讲者向听者传送。

将 GPIB 接口和一般接口系统的结构进行对比，一般接口系统是点对点传送，而 GPIB 接口则是"一点对多点"传送，由于其传送速率高、系统扩展方便等优点使计算机和仪器之间的关系更为紧密，就像一座桥梁，连接着仪器工业和计算机工业，改变了以往仪器手工操作、单台使用的传统应用方法。

但是 GPIB 接口不是计算机的标配接口，欲通过 GPIB 接口实现对 Agilent 34970A 数据采集仪的远程控制，必须在 PC 上安装 GPIB 接口卡，再用 GPIB 接口电缆将计算机与数据采集仪连接起来。实验所用的 GPIB 接口卡和连接电缆分别如图 15 - 6 和图 15 - 7 所示。

图 15 - 6　82350B 型高速 GPIB 接口卡

图 15 - 7　GPIB 连接电缆

其远程控制的工作原理是：工控机作为系统的操控者，通过串口发送指令，打开 Agilent 34970A 的地址端口，并向 Agilent 34970A 发送 SCPI 程控标准命令，对 Agilent 34970A 各测量通道有关参数进行设置，然后启动扫描，并接收 Agilent 34970A 发送的数据。

15.2.3.2　Agilent 34970A 数据采集仪所使用的常用 SCPI 程控标准命令

（1）从远程接口建立扫描表：

1）MEASure?　 开始扫描，并直接将读数发送到仪器的输出缓冲区，但不在存储器存储读数；同时将重新定义扫描表，自动将扫描间隔设为"立即"（即 0 秒），将扫描次数设为 1 次；

2）CONFigure 重新配置通道参数；

3）ROUTe：SCAN　（@101，102……）　　发送通道扫描命令；

4）INITiate　 开始扫描，并在存储器中存储读数；

5）ABORt　　 停止扫描；

6）ROUTE：SCAN：SIZE?　　 返回扫描通道数。

（2）扫描间隔：

1）TRIG：SOURCE　TIMER　　 选择间隔定时器配置；

2）TRIG：TIMER 5　　　　 将扫描间隔设置为 5 秒；

3）TRIG：COUNT　　　　 进行 2 次扫描采样。

（3）计数格式：

1）FORNat：READing：　ALARm　ON　 返回的数据中应包括报警信息；

2）FORNat：READing：　CHANnel　ON　 返回的数据中应包括通道信息；

3）FORNat：READing：　TIME　ON　　 返回的数据中应包括采样时间信息；

4）FORNat：READing：　TEME：TYPE｛ABS｜REL｝　 返回的数据中的时间信息选择绝对或相对时间；

5）FORNat：READing：　UNIT　ON　　 返回的数据中应包括度量单位信息。

（4）通道延迟：

1）ROUTe：CHAN：DELAY 2，（@101）　 在 101 通道上增加 2 秒的通道延迟；

2）ROUTe：CHAN：DELAY　AUTO ON，（@102）　 在 102 通道上允许自动通道延迟。

（5）从存储器检索所存储的读数：

1）CALC：AVER：MIN?（@305）　 读取存储器中 305 通道上的最小读数；

2）CALC：AVER：MIN：TIME?　（@305）　 读取存储器中 305 通道上最小读数的时间；

3）CALC：AVER：MAN?（@304）　 读取存储器 304 通道上的最大读数；

4）CALC：AVER：MAN：TIME?　（@304）　 读取存储器中 304 通道上最大读数的时间；

5）CALC：AVER：AVER?　（@303）　 读取存储器中 303 通道上的所有读数的平均值；

6）CALC：AVER：COUNT?　（@303）　 读取存储器中 303 通道上的所有读数的数目；

7）CALC：AVER：PTPEAK?（@302）　 读取存储器中 302 通道上最大—最小值；

8）DATA：LAST?（@303）　　 读取存储器中 303 通道上最后读数；

9）CALC：AVER：CLEAR（@301）　 清除存储器中 301 通道上统计结果数据；

10）DATA：POINTS?　　 读取存储器中所有读数总数；

11）DATA：REMOVE? 12　　 从存储器中读取并清除最旧的 12 个读数；

12）SENS：DIG：DATA：BYTE?（@302）　 读取 302 端口 8 位字节（数字量）；

13）SENS：DIG：DATA：WORD？（@ 302）　　　读取 301、302 两个端口 16 位字节（数字量）；

14）ROUT：MON（@ 101）　　　将 101 端口设置为监控状态；

15）ROUT：MON：STATE ON　　　打开监控状态；

16）INIT　　　启动扫描。

（6）测量配置：

1）CONF：TEMP RTD，85，（@ 111，112）　　　对 111、112 通道配置为 Pt100 温度传感器测量；

2）CONF：CURR：DC AUTO，（@ 121，122）　　　对 121、122 通道配置为自动量程的直流电流测量；

3）CONF：VOLT：DC AUTO，（@ 311，312）　　　对 311、312 通道配置为自动量程的直流电压测量；

4）CONF：TEMP TC，J，（@ 201，202）　　　对 201、202 通道配置为 J 型热电偶传感器测量；

5）CONF：TEMP THER，5000，（@ 109）　　　对 109 通道配置为 5K 型热敏电阻传感器测量；

6）CALC：SCALE：GAIN 1.9845，（@ 101）　　　设置 101 通道的放大倍数；

7）CALC：SCALE：OFFSET −2.4251，（@ 101）　　　设置 101 通道的偏移量。

（7）远程接口配置：

SYSTem：INTerface｛GPIB｜RS232｝　　　接口方式选择。

（8）其他：

∗RST　　　出厂复位命令。

15.2.4　实验内容

分别将 1 个 J 型热电偶、1 个 Pt100（$\alpha = 0.000385$）型热电阻、1 个 5 kΩ 型热敏电阻、1 个直流电压（0.2～1.5V）、1 个直流电流（10～100mA）接到 Agilent 34901A 测量模块（如图 15 - 4 所示）的 01、02、03、05、21 通道中。

（1）采用 LabVIEW 编写程序，实现通过计算机的 GPIB 总线对 Agilent 34970A 数据采集仪进行通道配置，采样扫描、读取数据。

（2）基于 LabWindows/CVI 文本语言平台，配置 Agilent 34970A 数据采集仪，并进行采样扫描和数据读取。

15.2.5　实验步骤

（1）按实验内容的要求将上述传感器和信号引线接到规定通道的接线端，并拧紧固定。具体方法如图 15 - 4 所示。

（2）将 Agilent 34901A 测量模块插入 Agilent 34970A 数据采集仪背部的最上面的槽中（即 1 号槽），如图 15 - 5 所示。

（3）将 Agilent 34970a 数据采集单元与 PC 机通过 GPIB 信号总线连接起来。

（4）按下列步骤设置 Agilent 34970a 的远程接口：

1）打开电源开关，按 (Scan) 按钮，再按 [Interface] 按钮，通过旋转 ◎ 旋钮，直到显示屏上出现 GPIB/488；

2）再按 [Interface] 键（表示确定并继续设置），旋转 ◎ 旋钮，直到 Agilent 显示屏出现 ADDRESS 09（设定通讯地址）；

3）再按 [Interface] 键（表示确定，并退出设置）。

（5）采用 LabVIEW 编写程序，编程思路和示例框图如图 15 - 8 和图 15 - 9 所示，前面板和程序的实际编写由学员完成。

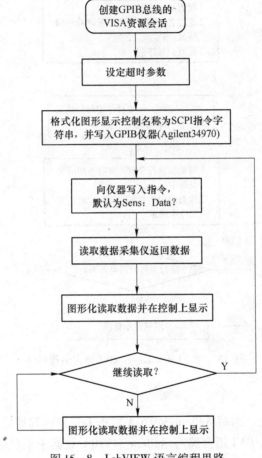

图 15 - 8　LabVIEW 语言编程思路

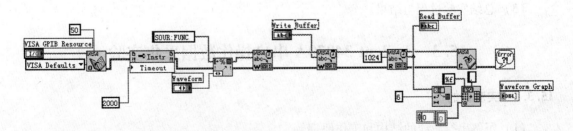

图 15 - 9　LabVIEW 语言数据采集示例框图

（6）采用 LabWindows/CVI 语言编写程序，编程思路如图15-10所示，具体内容由学员完成。

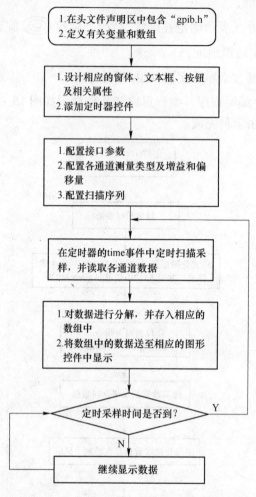

图 15 - 10   LabWindows/CVI 语言编程思路

15.2.6   实验报告

（1）用 LabVIEW 语言编写 Agilent 34970A 数据采集仪远程通信、采集与显示程序。

（2）用 LabWindows/CVI 语言编写 Agilent 34970A 数据采集仪远程通信、采集与显示程序。

（3）总结实验过程与结果。

15.3   Agilent 34970A 串口操作数据采集实验

15.3.1   实验目的

（1）了解串行总线的结构和工作原理。

（2）学习 LabVIEW 语言通过串口控制 Agilent 34970A 数据采集仪的编程方法。

（3）学习 LabWindows/CVI 语言通过串口控制 Agilent 34970A 数据采集仪的编程方法。

15.3.2 实验要求

（1）掌握通过串口控制 Agilent 34970 的操作与编程方法。

（2）分别采用 LabVIEW 和 LabWindows/CVI 进行编程，通过串口实现对 Agilent 34970A 数据采集仪进行远程通道配置、数据采集、显示等功能。

15.3.3 实验准备

15.3.3.1 RS-232 串口通信

RS-232 串行数据接口标准是美国电子工业协会 EIA（Electronic Industry Association）制定的一种串行物理接口标准。RS（Recommended Standard）即推荐标准，232 为标识号，它规定连接电缆、机械、电气特性、信号功能及传送过程。

RS-232 是 PC 机及工业通信中应用最广泛的一种串行接口形式。RS-232 被定义为一种在低速率串行通信距离的单端标准。

（1）RS-232C 接口标准及电气特性。RS-232 标准最初是根据远程数据终端 DTE（Data Terminal Equipment）与数据通信设备 DCE（Data Communication Equipment）而制定的。RS-232 标准中所提到的"发送"和"接收"都是站在 DTE 立场上，而不是站在 DCE 立场上来定义的。RS-232C 常用的接口信号定义如下所示：

1）DSR：数据准备好（Data Set Ready），有效时，表明设备处于可使用状态；

2）DTR：数据终端准备好（Data Terminal Ready），有效时，表明数据终端可以使用；

3）RTS：请求发送（Request To Send），用来表示 DTE 请求 DCE 发送数据；

4）CTS：允许发送（Clear To Send），用来表示 DCE 准备好接收 DTE 发来数据；

5）RLD：接收信号线检测（Received Line Detection），用来表示 DCE 已接通通信链路，告知 DTE 准备接收数据；

6）RI：振铃信号（Ring），当收到其他设备发来的振铃信号时，使该信号有效，通知终端，已被呼叫；

7）TxD：发送数据（Transmissted Data），通过 TxD 终端将串行数据发送到 DCE；

8）RxD：接收数据（Received Data），通过 RxD 线终端接受从 DTE 发来的串行数据；

9）SG、PG：信号地和保护地信号线。

RS-232 采用负逻辑，逻辑 1 电平表示电压在 $-15 \sim -5V$ 范围内，逻辑 0 表示电压在 $+5 \sim +15V$ 范围内。其数据最高传输速率为 20Kb/s，通信距离最长为 15m。

RS-232 是以串行方式按位传输数据的。ASCII 数据的传输一般是由起始位开始，以停止位结束。RS-232C 标准接口也可以为 5~8 位数据位，附加 1 位校验位和 1~2 位停止位。RS-232 数据传输格式如图 15-11 所示。

（2）RS-232C 连接器。一般台式机通常配置有 RS-232C 串行口，连接器为 DB9 型（9 针）连接器，如图 15-12 所示。

当通信距离较近时，通信双方可以直接连接，这种情况下，只需使用少数几根信号线。最简单的情况下，在通信中根本不需要 RS-232C 的控制联络信号，只需三根线（发送线、接收线、信号地线）便可实现全双工异步串行通信，即零 Modem 最简连线。

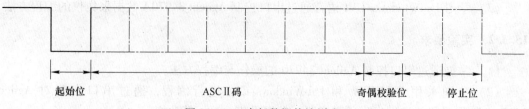

起始位　　　　　　　ASCⅡ码　　　　　　　奇偶校验位　　停止位

图 15 – 11　串行数据传输格式

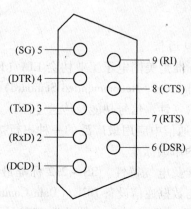

图 15 – 12　RS – 232C 连接器

零 Modem 方式的最简连接方式，如图 15 – 13 所示。在最简连接方式下，系统把通信双方都当作数据终端设备，RxD 与 TxD 交叉连接，双方都可收可发。在这种方式下，通信双方的任何一方，只要请求发送 RTS 有效和数据终端准备好 DTR 有效，就能开始发送和接收数据。

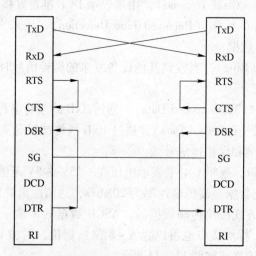

图 15 – 13　RS – 232C 最简连接方式

1）RTS 与 CTS 互连：只要请求发送，立即得到允许。

2）DTR 与 DSR 互连：只要数据装置与数据终端准备好，则可以立即接收数据。

15.3.3.2　LabVIEW 语言的串口查找与设置

LabVIEW 中的 VISA 节点用于串口通信，其中的函数可实现串口初始化、串口写、串口读、检测和清空缓存、串口关闭等功能。在进行实验前，需查找和设定计算上的串口资源设置情况。编程时可将串口资源查找功能程序块生成一个子 vi，程序编制时随时调用即可。图 15 – 14 是串口资源查找子 vi 的程序框图。

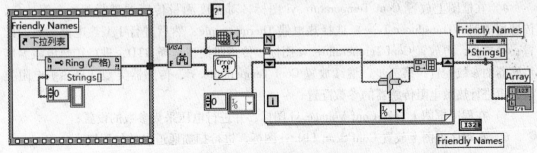

图 15 – 14　串口资源查找子 vi 框图

该图的核心函数为 VISA 查找资源子 vi，搜索模式选用 "？ ＊" 表示匹配任意字符或表达式，以查找计算机中的各种不同表达式的 VISA 资源。程序中利用顺序结构进行资源表达式枚举变量对应字符串的初始化，以保证对象使用前先完成初始化任务。顺序节点中的枚举变量的字符串属性的设置使下拉列表框的内容与资源表达字符串的内容动态匹配和更新。程序中间的循环结构用于合成 VISA 的表达形式，以及数据格式的转换。

15.3.4　实验内容

分别将 1 个 J 型热电偶、1 个 Pt100（α = 0.000385）型热电阻、1 个 5 kΩ 型热敏电阻、1 个直流电压（0.2 ~ 1.5V）、1 个直流电流（10 ~ 100mA）接到 Agilent 34901A 测量模块（如图 15 – 4 所示）的 01、02、03、05、21 通道中。

（1）采用 LabVIEW 编写程序，实现通过计算机的串口总线对 Agilent 34970A 数据采集仪进行通道配置，采样扫描、读取数据。

（2）基于 LabWindows/CVI 文本语言平台，通过串口总线配置 Agilent 34970A 数据采集仪，并进行采样扫描和数据读取。

15.3.5　实验步骤

（1）按实验内容的要求将上述传感器和信号引线接到规定通道的接线端，并拧紧固定。具体方法如图 15 – 4 所示。

（2）将 Agilent 34901A 测量模块插入 Agilent 34970A 数据采集仪背部的最上面的槽中（即 1 号槽）。如图 15 – 5 所示。

（3）将 Agilent 34970a 数据采集单元与 PC 机通过串口信号总线连接起来。

（4）采样与上节类似的方法，设置 Agilent 34970A 的串口数据传输速率（波特率）、起始位、数据位、停止位和数据控制流等参数。

（5）基于 SCPI 指令，采用 LabVIEW 编写实验信号的采集与显示程序。具体步骤概述如下：

1）从 NI 官网上下载 Agilent 34970A 的硬件驱动包，并将其解压后的文件夹 Agilent 34970 拷贝至 LabVIEW 安装目录下的仪器目录.. \ intr. lib 中；

2）启动 LabVIEW 系统；

3）在前面板上设计完成实验显示界面后，转入框图界面，进行 Agilent 34970 的硬件初始化，从函数面板上选取 Initialize. vi 放置于框图中，并进行串口资源和通信参数的配置；

4）在框图上放置 Conf Temperature. vi 图标，对温度测量传感器进行配置。第一步，传感器类型（Transducer Type）选择热电偶 Thermocouple，然后进行 J 型热电偶参数的配置；第二步，再放置 Conf Temperature. vi 图标，传感器类型选择 RTD，进行铂热电阻温度传感器的参数配置；第三步，继续放置 Conf Temperature. vi，传感器类型选择热敏电阻类型，再进行热敏电阻传感器的参数配置；

5）在程序框图上放置 Conf Voltage. vi 图标，并进行电压采集参数的设置；

6）在程序框图上放置 Conf Scan List. vi 图标，进行扫描通道参数的配置；

7）在程序框图上放置 Conf Scan. vi 图标，进行扫描延迟、报警、间隔与通道延迟时间、显示单位等参数的设置；

8）在程序框图上放置 Conf Trigger. vi 图标，进行触发和扫描参数的设置，以及开始扫描指令的设置；

9）在程序框图上放置 Standard Event Status. vi 图标，等待扫描完成后的进行存储参数的配置等任务；

10）在程序框图上放置 Read. vi，完成采集数据的读取；

11）在程序框图上放置数据处理相关函数图标，进行数据的解析、转换等工作，并完成前面板的参数显示界面的设计，实现采集数据的最终显示；

12）在程序框图上放置 Close. vi，进行程序退出后的内存释放和设置工作；

13）完成程序设计，运行数据采集实验程序。

（6）编写基于 LabWindows/CVI 语言的数据采集与显示实验程序。

编程的参考步骤如下（编程思路参考图 15 – 10）：

1）打开 LabWindow/CVI 开发平台，建立新工程；

2）创新虚拟仪器面板，在面板上设计实验显示与控制界面；

3）创建 Agilent 34970A 数据采集器初始化回调函数，核心是调用 Initialize 函数，该函数主要用于设置实验系统软件与 34970A 的串口通信参数；

4）创建数据采集回调函数，调用 fp 功能函数进行数据的采集：调用 ConfTemperature 函数进行温度参数的采集，设置温度传感器的相应参数，依次采集热电偶信号、热电阻信号和热敏电阻信号；调用 ConfVoltage 函数，进行电压参数的采集；

5）在数据采集回调函数中调用 ConfScanList 函数，配置扫描通道参数；

6）在数据采集回调函数中调用 ConfScan 函数，进行扫描延迟、报警、间隔与通道延迟时间、显示单位等参数的设置；

7）在数据采集回调函数中调用 ConfTrigger 函数，进行触发和扫描参数的设置，以及开始扫描指令的设置；

8）在数据采集回调函数中调用 StandardEventStatus 函数，等待扫描完成后的进行存储参数的配置等任务；

9）最后调用 Close 函数，完成程序退出后的内存释放和设置任务。

15.3.6　实验报告

（1）用 LabVIEW 语言编写通过 SCPI 指令控制 Agilent 34970A 数据采集仪远程通信、采集与显示程序；

（2）用 LabWindows/CVI 语言编写通过 SCPI 指令控制 Agilent 34970A 数据采集仪的远程通信、采集与显示程序；

（3）总结实验过程与结果。

思 考 题

15-1　热电偶温度传感器、热敏电阻温度传感器和集成温度传感器都能用来进行温度测量，它们能否与 Agilent 34970A 构成测试系统？如能，试分析这些传感器与 Agilent 34970A 构成温度测量系统时的构建方法，做出其方案。

15-2　利用 Agilent 34970A 能否采集振动信号？远程操作时，与本地操作有何区别，应注意哪些问题？

15-3　串口通讯时有多种硬件的应答控制方式，试分析这几种应答方式各有什么优缺点？使用时有何注意事项？

第 16 章　基于网络虚拟仪器的
液压参数监测实验

本章提要： 学习利用虚拟仪器网络模块构建网络监测系统的方法，学习液压系统流量、压力与温度参数的网络测量方法。学习网络虚拟仪器测控系统的原理、构成与硬件配置方法，利用 LabVIEW 语言编写网络测控软件并进行数据的存储与记录。

液压系统在机械装备中的应用非常广泛，其监测参数主要包括压力、温度、流量及泵和马达的转速等。其中对液压系统压力、温度和流量参数的检测应用比较广泛，也是目前液压系统状态监测与故障诊断的主要手段。本章利用 NI 公司的网络化数据采集系统构建实验系统，采集液压实验台的状态参数。

16.1　实验目的

（1）掌握液压系统流量、压力与温度参数的测量方法；
（2）学习利用虚拟仪器网络模块构建网络监测系统的方法；
（3）掌握网络虚拟仪器测控系统的硬件配置和软件技术。

16.2　实验类型

实验属于综合性。

16.3　实验环境

（1）软件：中文 Windows XP，LabVIEW 8.5，NI – FieldPoint 6.0；
（2）硬件：微型计算机，液压系统综合实验平台、FP – 2000 网络模块、FP – AI – 100 信号调理模块、FP – TB – 10 端子座及 PT100 双通道温度调理模块、流量传感器、压力传感器和温度传感器等。

16.4　实验原理

16.4.1　实验系统总体设计方案

基于虚拟网络控制器的流量测试实验系统采用双层网络结构，上层为实验监控层，编写的实验用流量采集与显示程序运行于该层的 PC 机上，负责实时监测实验程序的运行情况；下层为流量测试数据采集层，由虚拟网络控制器 FP2000 和实验对象组成，该层负责接收实验监控层下达的数据采集相关指令，经控制器处理后执行数据采集功能，将流量信息和温度信息等采集上来，经过处理器的转换处理后上传到实验监控层。上下两层通过交换机构成局域网，实现上下两层间的数据实时交互通信。该实验系统的结构图如图 16-1 所示。

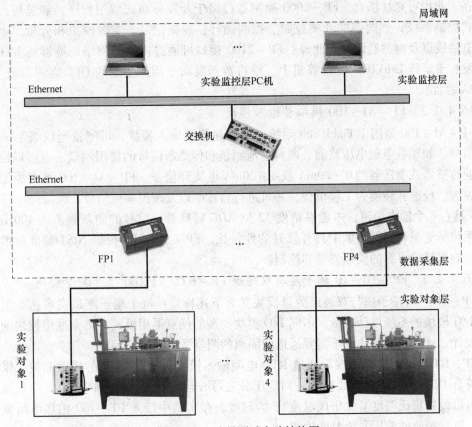

图 16-1　流量测试实验结构图

16.4.2　实验系统硬件原理

液压系统综合实验平台的硬件构成主要包括局域网的组建和数据采集层的配置，这里主要介绍一下数据采集层的配置。数据采集层由控制器电源模块、FP-2000 网络化控制器、CFP-AIO-610 模拟量输入输出模块、FP-AI-100 模拟信号输入调理模块、FP-TB-10 连接附件、PT-100 铂热电阻温度调理模块、安装导轨 DIN Rail、背板以及流量检测对象和数据采集传感器等组成。下面简单介绍一下主要硬件。

16.4.2.1　虚拟网络控制器

FieldPoint 是一种小型的、模块化分布式数据采集与控制结构，内嵌了信号调理与隔离电路，可与模拟电压信号、4~20mA 电流信号、热电偶、RTD（热电阻）、压力信号、应变信号、流量信号、脉宽调制信号（PWM）和 24V 数字信号等工业现场传感器信号直接连接。

　　FP - 2000 是 FieldPoint 系统中的一款典型的以太网控制器模块, 可作为独立的嵌入式实时控制器或基于 PC 机的分布式系统的网络接口单元。该模块具有工业级的可靠性, 包括自诊断功能、多种电源供给模式和隔离的 I/O 模块通讯总线, 以及用于现场设备控制的 RS - 232 端口。FP - 2000 控制器接口模块可运行 LabVIEW 实时处理模块开发的强大的控制、数据记录和信号处理应用程序。

　　在工业级可靠性场合, FP - 2000 控制器可用于开发分布式应用程序, 如过程控制和分布式控制系统, 如阀门的开关控制、控制循环、数据记录、实时模拟和分析, 串行总线、电话线以及网的通讯等。此外, FP - 2100 接口可通过内置的网络浏览器将 I/O 数据自动发布于运行 LabVIEW 的计算机上, 或将数据发布于用户指定的 OPC 客户端或 HMI/SCADA 软件。

16.4.2.2　FP - AI - 100 模拟量输入模块

　　FP - AI - 100 是用于 FieldPoint 系统的多用途模拟输入模块, 可测量毫伏级至 30V 级电压信号, 如车载电瓶电压监测、燃料电池测量和传感器信号的通用测量。也可以检测来自工业传感器或变送器的 0 ~ 20mA 或 4 ~ 20mA 电流环信号。FP - AI - 100 可对原始信号进行滤波、校准并转换为工程单位, 并可进行自诊断以发现模块或信号接线故障。FP - AI - 100 具有 8 个输入通道, 内置高精度 12 位 ADC 转换器, 信号的刷新频率为 100Hz, 在液压系统的流量和温度测量中具有较好的性价比。FP - AI - 100 根据 NIST 校准标准进行校准, 确保精确可靠的模拟测量和控制。

16.4.2.3　FP - TB - 10 端子座与双通道 FP - RTD - Pt100 温度测量模块

　　FP - TB - 10 端子座与双通道测量模块具有下述特点: 每个端子座最高可达 6 组的双通道 I/O 模块的系统设计容量, 不同 I/O 模块类型的任意混用模式, 每个通道模块的独立隔离设计。该模块尤其适应于需要通道间隔离的测量系统。

　　FP - RTD - Pt100 是两线双通道 RTD 电阻输入模块, 提供 12 位的精确测量, 模块设计时符合 DIN43760 线性曲线标准(对应于分度号 $\alpha = 0.00385$ 的铂热电阻), 并且每个通道还可以设置摄氏温度℃或华氏温度°F 的刻度。在实验中接入 PT - 100 铂热电阻温度传感器, 进行精确的液压系统温度检测。

16.4.2.4　液压系统综合实验台

　　液压系统综合实验平台主要用于进行液压系统的原理演示和常用故障设定与诊断。可用于设定液压系统的吸油堵塞故障、气穴故障、泄漏故障、压力不足、液压冲击等, 并可测量液压系统流量、温度和压力等参数。该实验台采用半闭式液压回路系统结构, 主要由电动机、齿轮泵、截止阀、安全阀、手动换向阀、工作油缸、单向调速阀、流量传感器、油箱、滤清器等组成。数据采集系统采集流量传感器、压力传感器和温度传感器的信号, 进行存储、处理与显示等。液压综合实验台的主要技术参数包括:

最大试验压力: 40MPa;

最大试验流量: 100L/min;

最大试验功率: 10kW;

测试精度: ISI - B 级;

控制方式: 人工控制;

转速范围: 0 ~ 3000r/min;

调速方式：手动调速；

流量测量方式：蜗轮流量传感器，输出电压 0~5V；

流量测量范围：0~150L/min。

液压故障综合实验平台的实物图如图 16-2 所示，其液压控制原理图如图 16-3 所示。

图 16-2　液压故障综合实验平台

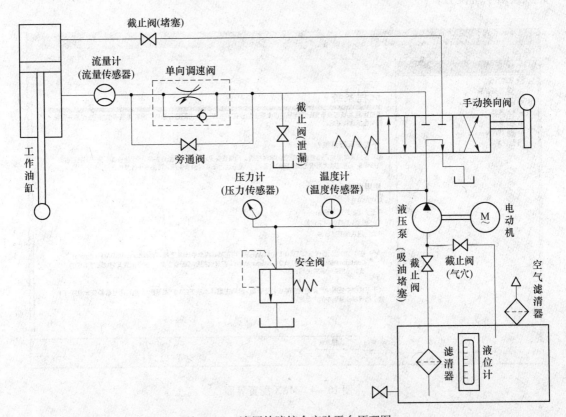

图 16-3　液压故障综合实验平台原理图

16.4.3　FP - 2000 的连接与配置

在进行实验前,需先将 PC 机和虚拟网络控制器连接起来,然后打开 MAX 软件,对控制器进行配置。其配置过程如下:

(1)将 FP - 2000 网络控制器与 PC 机通过交换机(路由器)连接起来,构成局域网,如图 16 - 1 所示;

(2)打开 MAX 配置软件,显示如图 16 - 4 所示配置界面;

(3)在图 16 - 4 中右击配置树区域的远程系统项目,选择新建选项,弹出图 16 - 5 所示对话框;

(4)在图 16 - 5 所示的对话框中选择 FieldPoint Ethernet 选项,出现网络控制模块设置对话框(见图 16 - 6),在该界面中,设输入网络模块的名称、IP 地址、子网掩码、网关和 DNS 服务器等参数,在配置网络参数时应注意,将其与 PC 与 FP - 2000 配置在相同的网段内,其他参数设置也应一致起来,设置完成后,点击工具栏的应用按钮,即可将设置参数下载至网络控制器 FP - 2000 内;

(5)设置完成后的界面如图 16 - 7 所示;

(6)下载配置文件,当退出 MAX 或选择下载配置文件时,系统给出提示界面如图 16 - 8 所示,点击确定,MAX 将配置文件下载到 FP - 2000 网络控制模块的程序存储器中,完成网络系统配置。

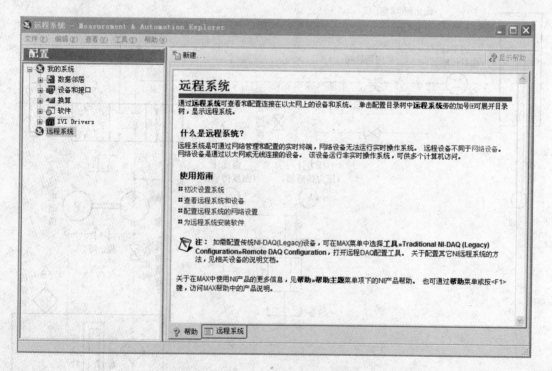

图 16 - 4　MAX 配置界面

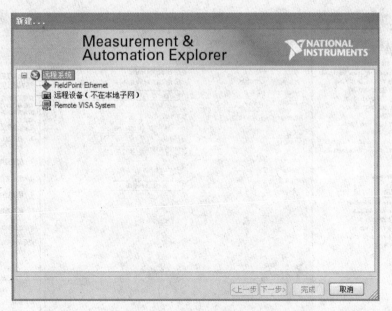

图 16-5 新建远程设备对话框

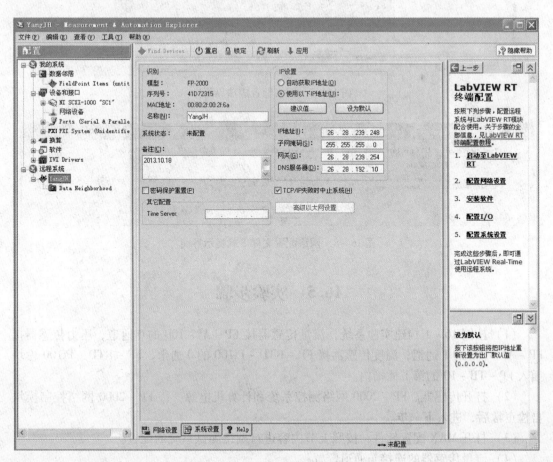

图 16-6 网络控制模块设置界面

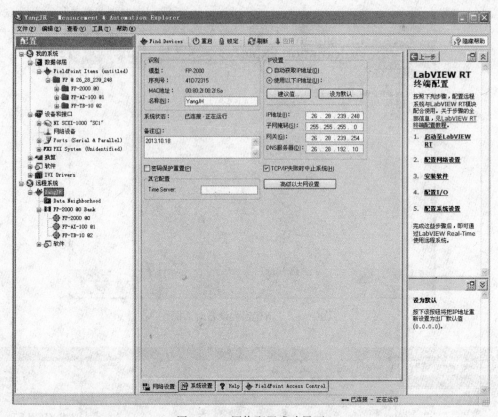

图 16 - 7　网络配置成功界面

图 16 - 8　网络配置文件下载提示界面

16.5　实验步骤

（1）按图 16 - 1 构建实验系统，流量传感器接 FP - AI - 100 的 0 通道，压力传感器接 FP - AI - 100 的 1 通道，温度传感器接 FP - RTD - Pt100 的 0 通道，FP - RTD - Pt100 模块插入 FP - TB - 10 的第 1 插槽内。

（2）打开传感器、FP - 2000 网络测控系统和计算机电源，待 FP - 2000 网络控制模块自检正常后，进入下一步。

（3）打开 MAX 配置软件，按照上节内容进行网络测试系统的配置。

（4）流量传感器的连接与通道配置：

1）流量传感器的信号连接，流量传感器的激励电压是 12V，将 12V 供电线与传感器的接线端第 3 脚相连，电源地线接第 4 脚。传感器的输出信号引脚为第 1 脚，将其与调理模块 FP－AI－100 的第 1 脚连接起来，信号地线与调理模块的 18 脚连接。

2）流量传感器的配置，打开 MAX 配置软件，右击远程系统下的 FP－AI－100＠1，进入配置界面，如图 16－9 所示，在该界面中的选择通道 0，并根据流量传感器的信号输出特性，在数据配置下拉框中选择 0～6V 输入选项，如图所示。注意在 LabVIEW 编程时，根据传感器输出信号范围与数据配置范围的不同进行数据变换处理。

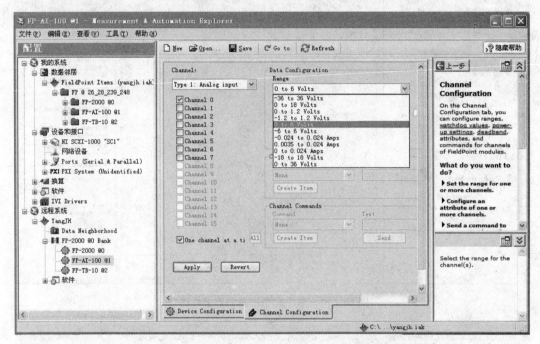

图 16－9　流量传感器调理模块配置界面

（5）压力传感器的连接与配置。与流量传感器相似，只是将其接入 FP－AI－100 的第 1 通道。

（6）温度测量电路的连接与配置。PT100 铂热电阻温度传感器与连接端子座 FP－TB－10 上的 FP－RTD－Pt100 信号调理模块，该模块为双通道调理模块，可任接其一通道，在实验中接入其 0 通道。温度测量电路的配置过程如下：

1）打开 MAX，进入主界面，展开远程系统硬件树选项，找到连接端子座 FP－TB－10，点击其图标后，在界面中部的配置区域点击 Device Configuration（设备配置）选项，如图 16－10 所示。

2）在图 16－10 中，中间的配置区域的设备属性选择项 Device 下拉列表框可用于选择信号连接端子座，在本实验中，选择 FP－TB－10 信号连接端子，如图 16－11 所示，该模块有 6 个插入通道，系统自动识别出在第 1 通道内插入的 RTD－PT100 铂热电阻温度传感器调理模块。

3）温度测量调理模块 FP－RTD－PT100 的配置，在图 16－11 中，点击界面中部的 Channel Configuration（通道设置）标签页，进入配置界面，如图 16－12 所示；在通道选择（Channel）下拉框中，选择 Type 1：Analog Input（类型 1：模拟输入），表示选择了

PT200 模拟量温度传感器。在数据配置区域（Data Configuration）中，在测量范围
（Range）下拉框中，选择 – 50 to 350 Celsius（ – 50 ~ 350℃），与 PT100 温度传感器的参数
相匹配。

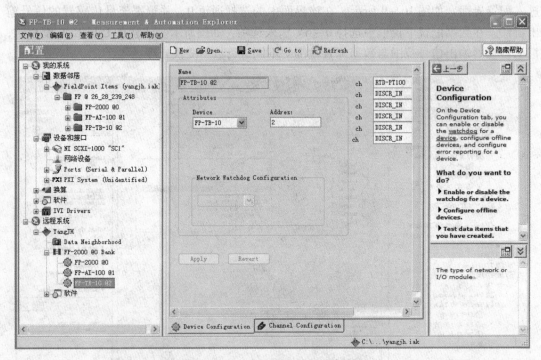

图 16 – 10   温度测量电路配置主界面

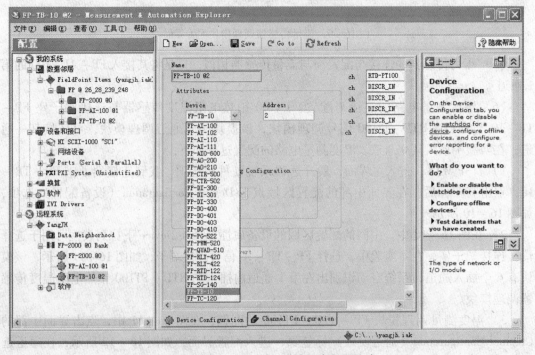

图 16 – 11   FP – TB – 10 测量电路配置界面

图 16 – 12 FP – RTD – PT100 配置界面

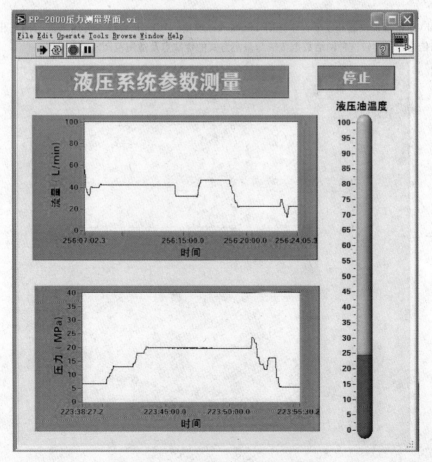

图 16 – 13 液压系统参数测量虚拟面板

4）液压系统参数测量虚拟仪器前面板的开发，示例如图16-13所示，在面板上主要放置两个示波控制，显示液压回路的流量与压力的变化情况，右侧的温度显示控制显示了液压回路的温度实时变化情况。

16.6　实验报告与要求

（1）根据上节实验步骤，完成系统配置；

（2）按示例面板，编写参数采集程序，进行实验调试；

（3）在示例面板上增加通道选择选项，以选择传感器连接的通道，并进行输入、输出范围配置等，提高实验程序的通用性；

（4）在虚拟面板上增加数据记录命令控件，用户可选择数据记录间隔等参数，以记录实验数据；

（5）按上述要求完成实验内容与实验报告。

思　考　题

16-1　LabVIEW 虚拟仪器开发平台中还有 DataSocket 模块、TCP/IP 模块等可用来进行网络化数据采集与传输，试比较这种网络数据传输与采集方式的优缺点及适用范围。

第 17 章　虚拟仪器实验系统集成与优化

本章提要：学习虚拟仪器系统的硬件单元集成、软件模块集成与整体系统集成的方法。学习 LabVIEW 开发的虚拟仪器的集成方法，学习用 LabWindows/CVI 语言进行软硬件项目集成的方法。掌握并行开发技术、工程合成、多工程开发与联合调试的方法，使用 LabVIEW 语言和 LabWindows/CVI 语言编写虚拟仪器集成程序以及用 LabWindows/CVI 语言编写串口总线通信程序。

　　虚拟仪器测试实验系统可以由多种不同接口类型、不同采集方式和不同软件平台的系统混合构成，因此系统中数据的硬件系统的集成与兼容、软件系统的协调与数据交互等是一个重要问题。本章通过虚拟仪器系统的集成实验，可使用户掌握虚拟仪器测试系统的软硬件集成技术和混合系统的开发技巧。

17.1　基于 LabVIEW 的虚拟仪器实验集成

17.1.1　实验目的与要求

　　（1）掌握 LabVIEW 开发环境中实验系统集成的方法：

　　1）掌握虚拟示波器的设计与实现方法，包括两种典型的平移算法的实现，完成虚拟示波器图形显示、动态刷新和平移等功能；

　　2）掌握温度测量的硬件电路实现方法，以及测量所得信号的微机处理和显示方法；

　　3）掌握信号源发生器电路的基本设计方法，通过 LabVIEW 软件的使用，掌握虚拟仪器系统的软件实现方法。

　　（2）功能菜单化，人机界面友好。

　　（3）系统界面设计包含美学设计，即美观整洁，用户使用方便。

　　（4）子系统功能及界面要求同（2）、（3）。

　　（5）最终集成的系统能实现正常实验。

　　（6）系统软件进行安装程序打包。

17.1.2　实验类型

　　综合性实验。

17.1.3　实验环境

　　（1）软件：中文 Windows XP、LabVIEW 8.5。

　　（2）硬件：微型计算机、NI BNC – 2120 接线端子、SCXI – 1600 数字化仪、SCXI –

1125 信号调理模块等。

17.1.4 实验原理及内容

17.1.4.1 虚拟示波器

A 功能描述

虚拟示波器是采用虚拟技术模拟数字存储示波器的操作和功能，用微型计算机及其信号采集接口电路来捕捉信号波形，并通过图形用户界面来模拟示波器的操作面板，完成对信号的测量，并可用于工业过程自动化中，对实时信号进行采集与分析。

其功能主要包括：具有传统示波器的功能，包括波形的幅值、频率可调、可动态刷新、平移等，并具有存盘和打印功能，显示信号的频率范围为 1Hz ~ 20kHz。

B 虚拟示波器的设计

虚拟示波器的设计包括硬件和软件两部分。硬件部分主要由采集板和限幅电路组成，其主要功能是把输入信号幅值限制在 ±5V 范围内，并把模拟信号转变为数字信号输入到计算机中；软件部分主要包括图形显示、动态刷新和平移等功能。

C 虚拟示波器的面板

虚拟示波器的前面板主要包括通道参数设置、定时参数设置、触发参数设置和波形显示控件等。示波器的面板如图 17 - 1 所示。

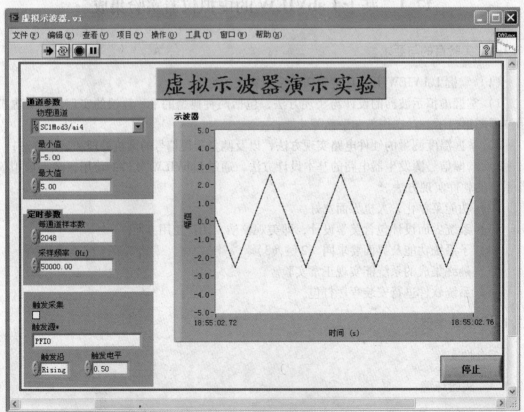

图 17 - 1 仪器面板

17.1.4.2 温度测量

本实验可进行铂热电阻和热电偶温度的双重测量。其中铂热电阻温度传感器模拟测量工程装备的水温，传感器的激励信号由 SCXI – 1121 信号调理卡通过 SCXI – 1321 接线端子和电缆提供，传感器的输出信号也由 SCXI – 1121 的一个通道输入。热电偶温度传感器的激励和信号采样同样由 SCXI – 1121 来完成。在美化前面板同时，在程序中添加了时间标识，通过获取时间和显示时间来实现。

17.1.4.3 虚拟信号发生器

本实验是设计输出矩形波、正弦波、周期性噪声、三角波或自定义波形等信号的程序，来实现利用不同的通道实现各种波形的显示。

17.1.4.4 主界面的设计

实验系统包含以上三个子实验模块。前面 3 个部分的实验主要是对以前课程实验的基础上加深、提高，主要证验理解原理、设计方法。主画面的设计主要利用事件结构来实现子 vi 的调用，通过值改变来实现程序的退出，其次整个主画面的退出利用属性节点来中止程序，并利用应用程序控制里面的退出 LabVIEW 来实现整个主画面的退出。最后的流动字体通过部分字符串和 For 循环来实现，设计出的前面板如图 17 –2 所示。

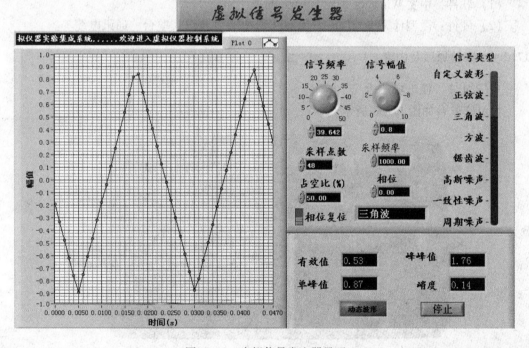

图 17 – 2　虚拟信号发生器界面

17.1.5　实验报告与要求

（1）完成上述 3 个实验的集成；

（2）完成集成程序的打包；

（3）界面应美观大方。

17.2　虚拟仪器实验项目集成与优化

17.2.1　实验目的

（1）掌握用 LabWindows/CVI 进行软件项目集成的方法：

1）LabWindows/CVI 的并行开发技术；

2）LabWindows/CVI 中多个工程的合成；

3）多个工程的开发与联合调试。

（2）学习用 LabWindows/CVI 语言编写综合数据采集系统。

（3）掌握 LabWindows/CVI 语言编写串口总线通信程序方法。

17.2.2　实验类型

实验属于综合型。

17.2.3　实验环境及仪器

（1）软件：中文 Windows XP、LabWindows/CVI。

（2）硬件：微型计算机、LabWindows/CVI 软件、操纵实验台、通讯电缆等。

17.2.4　实验原理及内容

17.2.4.1　操纵实验台

操纵实验台如图 17 - 3 所示。

图 17 - 3　操纵实验台

在操纵实验台上设置有拉绳式传感器、加浓泵开关、换挡开关、操纵杆（角位移传感器）、应急熄火开关、指示灯和电源开关等，其中启动拉绳、加浓泵开关、换挡开关、操纵杆、应急熄火开关可输出控制信号，经串行总线传输到计算机中。指示灯用来显示操纵实验台各操纵按钮或手柄当前的工作状态。电源开关用于控制的电源开启。实验台的模拟量测量传感器的特性参数见表 17 - 1 所示。

表 17 –1　实验台用传感器特性参数

传感器名称	型　号	量　程	输出（直流）
质量流量传感器	FS4001	500mL/min	0.5 ~ 4.5V
拉绳位移传感器	WSS	1000mm	0 ~ 5V
霍尔式角度传感器	P3000	360°	0 ~ 5V

17.2.4.2　计算机与操纵实验台之间的通信

操纵实验台与计算机之间采用 RS – 232 串行接口进行数据的传输。操纵实验台自带串行接口，在实验开始前，将其串口参数设置为：传输速率（波特率）为 9600b/s、无奇偶校验、一位起始位、一位停止位、8 位 ASCII 码，操纵实验台自动发送数据，并定时与计算机进行握手查询。

在 LabWindows/CVI 函数库中提供了 RS – 232 函数库。函数库中包括六类函数，打开/关闭（Open/Close）函数、串口输入/输出（Input/Output）函数、调制/解调文件传输（Xmodem）函数、串口控制（Control）函数、串口状态查询（Status）函数、串口事件处理函数（Callbacks）以及串口扩展事件（Extensions）函数。

实现串口通信的步骤如下：

（1）查找计算机串口资源，选定串口同时进行串口参数设置；

（2）对实验仪器的串口参数进行设置；

（3）打开发送端和接收端串口；

（4）利用串口发送和接收数据；

（5）关闭串口，结束程序。

17.2.5　多个实验项目集成的方法

17.2.5.1　制定项目计划

在进行大型测试系统实验时，制定实验项目的计划是其关键内容之一。必须根据实验性质、实验内容和实验要求，制定实验系统框架，能够合理确定和估计实验项目开发所需的资源、进度等，使得虚拟实验软件项目的开发按此计划进行。其中，实验项目计划包括实验目标、主要功能、性能限制、系统接口等。

制定虚拟实验软件项目计划的目的在于建立并维护软件项目各项活动的计划，用来协调大于实验项目中的所有计划，指导实验项目组对实验项目进行执行和监控。软件实验项目有其特殊性，不确定因素多，工作量不容易估计，因此在实验项目规划中要把任务合理分解并细化。

17.2.5.2　基本开发流程

通常情况下，在 LabWindows/CVI 中进行大型虚拟仪器实验系统软件的开发时，可以采用自顶向下或自底向上的开发模式。不管采用何种开发方式，首先要求将整个任务划分为成若干个子任务，将任务具体落实，每个实验组成员明确自己的具体任务，设计统一的接口规范，通过框架 – 接口形式连接；

其次是编码，按其形式可规划为动态链接库 DLL 形式、ActiveX 形式或者一般函数形式，监督各子任务实现其具体、独立功能，并进行子任务的调试；

接下来，在各子系统调试通过后，按照框架要求和总体功能实现，再组成总工程进行联合调试；

最后，完成调试后，进行系统发布。

在本实验中，一共生成了三个工程，分别为工程1、工程2和工程3。工程1和工程2可以并行开发，工程3为两个工程的合成。在并行开发阶段，每个实验软件工程都有自己的main主函数，合成之后，需要重新设计程序入口点，因此，只能保留其中的一个，某些全局变量在两个工程中都要使用，在当前工程中应声明为自动型（Auto），而非静态型（Static），在其他工程中声明为外部型（extern）。

本实验主要内容为编写一个操纵台测试工程，它包含三个工程，"数据采集"工程实现操纵台各操纵装置的数据采集与显示，"控制"工程控制"数据采集"的显示与隐藏。此外，"显示控制"工程的面板具有黏滞功能，拖拽其面板，"数据采集"工程的面板也应随之移动。"系统集成"工程为两个工程的集合，实现系统功能的集成，可进行联合调试，并实现程序的最终发布。

17.2.6　数据采集工程面板设计

编写串口数据采集程序，工程名为"数据采集"，以实现通过串口采集操纵实验台上的模拟传感器和其余开关量信号的采集、处理与显示等操作。数据采集工程的面板设计如图17-4所示。

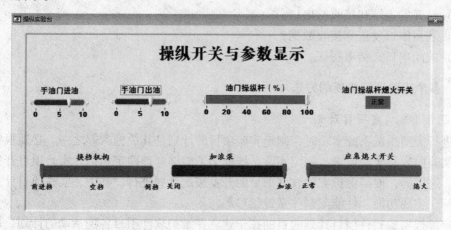

图17-4　串口数据采集虚拟面板

17.2.7　串口设置与控制面板设计

第二个工程是串口设置程序，主要执行串口通讯参数的设定（图17-5）和控制第一个数据采集工程的运行等操作。该面板主要功能分为两部分：一是串口搜索与设定功能，包括本机串口资源的搜索、选择、打开与关闭等操作；二是数据采集实验工程的控制，用于打开与关闭数据采集面板等操作。

17.2.8　多实验项目集成程序的设计

多项目联合调试要建立Ingeration工程，将串口数据采集工程和串口设置工程中的

图 17 - 5　串口设置与程序控制面板

.c、.h 和 *.uir 文件加入到该工程中，项目集成工程的建立方法如下：

（1）选择菜单 File→New→Workspace（*.cws），建立一个工程空间。

（2）选择菜单 Edit→Project，弹出 Edit Project 对话框，在 Project Label 项中输入"集成"，如图 17 - 6 所示，点击 OK 按钮。

图 17 - 6　Edit Project 对话框

（3）选择菜单 Edit→Add Files to Project→All Files（*.*），弹出 Add Files to Project 对话框，按下 Alt 键，同时用鼠标选择数据采集、串口设置两个工程的 *.h、*.c、*.uir 文件，之后点击 Add 按钮，将所选文件添加到对话框底部的 Selected Files 列表框内，点击 OK 按钮确认操作完成，如图 17 - 7 所示。

（4）选择菜单 File→Save All，弹出 LabWindows/CVI Message 对话框，提示 Integration（集成）工程没有保存，建立用户保存工程文件。按照对话框提示保存文件，名字为集成.prj。

图 17-7   Add Files to Project 对话框

（5）此外，系统还会提示工作空间没有保存，提示保存工作空间文件，同样起名为集成 . cws。

（6）选择菜单 Edit→Workspace…，弹出 Edit Workspace 对话框，点击 Add…按钮，添加数据采集 . prj 和串口配置 . prj 工程文件后，再点击 OK 按钮，如图 17-7 所示。

此时，系统集成工程（integration. prj）默认为激活状态，其显示字体为加粗风格，即在编译、调试时只对当前处于激活状态时的工程有效。多项目集成窗口如图 17-8 所示。

（7）添加多个工程后，需要有一个工程处于激活状态才能进行调试运行。在多个集成的实验项目工程中，若将其中之一的主函数作为程序入口点，则其他工程中所含有的主函数应该予以删除或被注释掉，并且在这些工程中的相关面板函数的句柄应将静态型（Static）改为自动型（Auto，默认状态），并且在主调用函数所在工程中将这些面板句柄声明为外部型（extern）。在本实验中，数据采集工程中的面板句柄为 panelHandle1，其声明形式如下：

auto into panelHandle1；

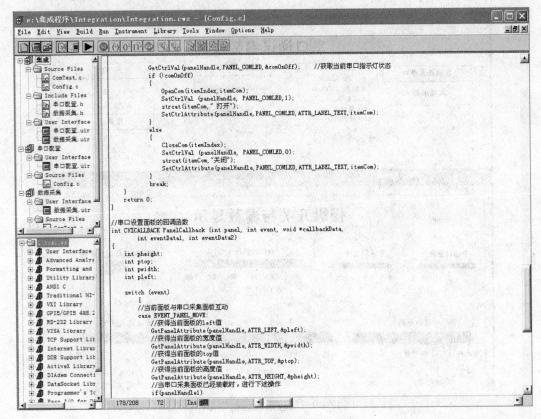

图 17-8 多实验项目集成窗口

auto 关键词通常可以省略，这是因为变量声明默认为 auto 类型。

由于 panelHandle1 在系统集成的工程中被调用，所以在该工程中将其声明为外部型（extern），如下式所示：

extern int panelHandle1；

一般来说，编译器将外部型变量分配在静态存储区中，通过使用外部型变量，可以扩展变量的作用域。外部型变量（全局变量）是在函数的外部定义的，它的使用域为从变量的定义外开始，到本程序文件的末尾，在此作用域内，外部型变量可为程序中各个函数所使用。

（8）对实验项目的程序逻辑进行合理划分，如数据采集与串口设置两个工程的业务逻辑划分，从而实现任务的分割，以便实验小组的多个成员进行实验系统的并行开发和联合调试，提高实验系统的开发效率。

（9）实验运行效果图。点击工程栏中的 Debug Project 按钮，程序开始运行，其效果如图 17-9 所示。

17.2.9 实验内容及要求

（1）完成串口参数设定工程前面板、控制程序的开发。

（2）完成串口数据采集工程前面板、控制程序的开发。

（3）完成实验系统集成工程的开发与设置，完成集成多项目联合调试。

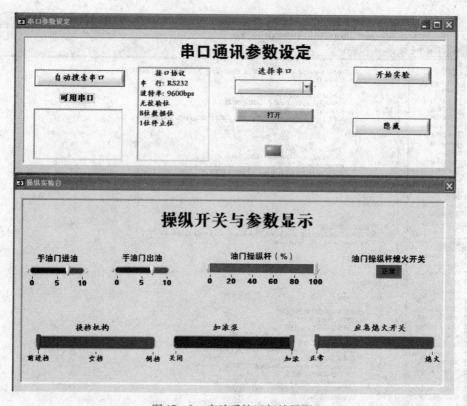

图 17 - 9　实验系统运行效果图

（4）要求串口数据采集工程面板具有粘滞特性，其位置随串口参数设定面板的移动同步移动，保持二者的相对位置不变。

（5）利用操纵实验台进行数据采集实验，完成实验报告。

思 考 题

17 - 1　如果 3 个实验的软件系统之间需要进行数据的交互，请考虑数据采集什么传递方式，对于数组、单变量、矩阵等各采用什么传输方式比较合理，请举例说明。

17 - 2　如果对 LabVIEW 开发的系统或其他语言开发的系统与 LabWindows/CVI 开发的系统进行集成，采用什么平台或方法比较方便，应如何进行，请简要说明。

第 18 章　基于虚拟仪器技术的发动机测控系统集成实验

本章提要：学习发动机电涡流测功的原理，学习发动机自动测控系统的工作原理。学习发动机温度参数（冷却液温度、机油温度、排气温度）和表面温度场的测量方法，学习发动机测功系统压力参数（机油压力、测功机进水压力、燃油箱压力）的测量方法，利用虚拟仪器技术构建发动机测功系统以及编写发动机测功程序、温度参数测量程序和压力参数测量程序。

发动机是大多数机械车辆与工程装备的动力源，在现代车辆工程、建筑机械和工程机械等行业发挥着十分重要的作用。发动机的测控试验是发动机生产制造和科学研究工作中不可缺少的一个环节，作为机械专业的工程技术人员，必须掌握内燃机的基本试验方法和主要测试技术。

虚拟仪器技术以其强大的测控功能和快捷的开发能力，在发动机的状态监测、故障诊断和性能测试中得到广泛的应用。本实验利用 LabVIEW 强大的图形化开发能力、现场总线数据采集技术和嵌入式单片机技术等，开发基于虚拟仪器技术的发动机性能测试实验系统，使学生了解和掌握各种虚拟仪器测试系统的集成与应用，提高应用虚拟仪器技术开发机械测试系统的能力。

18.1　发动机实验的注意事项

18.1.1　实验前的准备

（1）了解试验目的；
（2）熟悉试验项目程序、试验方法、工况选定以及要求记录的项目；
（3）熟悉试验所用的仪器名称、规格、精度、安装方法；
（4）了解试验用燃油、润滑油牌号；
（5）明确水温、油温、排气温度的控制范围。

18.1.2　实验中的注意事项

（1）试验中，应使发动机保持一定的热力状态，特别是影响发动机性能的参数，如：水温、油温，一般情况下保持在 80～90℃为宜；
（2）发动机必须在工况稳定后方可测量记录参数，各参数测量同时进行，主要参数，如油耗、转速、转矩等。

18.1.3　操作注意事项

（1）启动前，应检查机油油量、燃油量及供水系统是否正常，各仪表是否正常。

（2）启动后，发动机怠速运转暖机，检查机油压力是否正常，发动机是否漏油、漏水、漏气，是否有异常声音，待油温、水温达到要求值后开始进行试验。

（3）调节工况时，加速、加载、减速、减载速度不要太快。

（4）运转中，注意测试仪表的指示，倾听发动机的运转声音，观察发动机外观，发现不正常现象应及时采取措施。

（5）停机时应缓慢卸掉负荷，再低速运转一段时间，待机油温度降至 50℃ 以下后再停机。

（6）操作及在发动机周围活动时，应避开排气管、涡轮壳等高温区以防烫伤，在发动机运转时不要在其侧面停留。

18.1.4　发动机试验方法

内燃机性能试验是一项集体性很强的工作，参加试验的成员各自承担其中的一项工作。试验过程的顺利进行，测量数据的准确、可靠，与各个工作岗位成员之间的密切配合、协调一致有很大的关系，任一工作岗位成员的疏忽大意和自行其是，往往导致整个试验的失败。因此，在试验前，必须很好地进行组织与分工，各组选出组长一人，在教员指导下进行试验。组长的职责是：在试验前分配组员在本试验中所承担的任务。在试验过程中检查各工作岗位的工作情况，在测取数据时向各岗位发出测量和记录数据的指令，绘制监督曲线，以检查试验中主要数据是否正确，如发现不合规律的情况，则必须重测。

在组长进行分工后，各工作岗位的成员应首先详细了解自己工作岗位上仪器设备的操作使用方法，并进行试操作，待熟悉后再开始试验，否则，在内燃机运转后进行试验时，可能由于某一工作岗位的配合失调而导致试验过程拖长甚至试验失败。

在上试验课前，必须预习试验指导书，对实验的目的要求和方法步骤要做到心中有数。上实验课时，指导教员将检查预习情况，对毫无准备的学员可根据情况停止其参加试验。

每次试验结束后，每个学员要根据试验指导书的要求整理试验数据，编写试验报告及绘制试验曲线。

18.2　发动机测功实验

18.2.1　发动机测功理论基础

18.2.1.1　稳态测功法

用测功机对发动机进行加载，在节气门开度一定和其他参数保持不变的稳定状态下，测定发动机功率。

（1）稳态测功法的特点。稳态测功法具有测量准确、可靠等特点，但测功时费时费力、成本较高，而且需要专用的测功器。

（2）稳态测功法的用途。该方法多用于发动机设计、制造、院校和科研单位做性能实验。

（3）稳态检测原理。工程装备发动机功率可用发动机自动测控系统检测。检测发动机功率时，通过调节发动机节气门开度和加载装备的负荷，使发动机达到规定的测试工况，在该稳定工况下测出发动输出功率。

18.2.1.2 动态测功法

在发动机节气门开度和转速均变化的状态下，测定发动机功率，由于测功时不对发动机加载，故又称无载测功。

（1）动态测功法的特点。可用无负荷测功仪就车检测；无负荷测功仪精度稍差；测量时省时、省力、方便。

（2）动态测功法的用途。多用于旧装备发动机测量。

（3）动态测功原理。发动机动态测功的基本原理是把发动机的所有部件看作是一个没有外界负荷并绕曲轴中心转动的简单回转体，在节气门突然全开后，发动机所产生的有效转矩将全部用来加速发动机部件的运动，只要测出发动机急加速过程中曲轴的加速运行情况就可得知发动机的动力性能。

18.2.2 实验目的及要求

（1）了解电涡流测功机的测功原理。

（2）了解发动机自动测控虚拟仪器系统的工作原理。

（3）掌握发动机基于虚拟仪器技术的测控系统的使用方法。

（4）熟悉利用虚拟仪器技术编写发动机测控程序的方法。

18.2.3 实验类型

实验属于综合型。

18.2.4 实验设备的工作原理

测试系统采用 DE300 型电涡流测功机作为测试设备。其最大吸收功率为 300kW，最大转速是 8000r/min。冷却介质使用城市自来水，冷却水压：0.1~0.3MPa，当进水温度为20℃时，冷却水流量为 2.7L·kW/h。扭矩测量采用应变式拉压力传感器，转速测量传感器使用 60 脉冲磁电式转速传感器。测功机主要由制动器、测力结构和测速装置等几部分组成。制动器调节原动机的载荷，并同时把所吸收的原动机功率转换为热能，经冷却水带走热量。测功机是根据作用力矩与反作用力矩大小相等、方向相反的原理来测量扭矩，因此所测扭矩可以通过作用在测功器上的旋转力矩来指示。

电涡流测功机是一种吸收式测功机，其扭矩 M_r 是转速 n 和励磁电流 i 的函数，即 $M_r = f(n, i)$，由公式可知电涡流测功机具有的基本特性之一即是恒电流控制特性。测功机用来吸收发动机输出的功，改变其转速及负荷，模拟实际使用的各个工况，同时测定发动机的输出转矩。测功机直接用螺栓固定在台架基础上，采用万向节联轴器与发动机进行连接，其对中精度要求不高，易于更换。

18.2.4.1 电涡流的产生

在励磁线圈中，通过直流磁场时，磁场产生的磁力线通过转子盘、涡流环、摆动体外壳和它们之间的空气隙而闭合。由于转子盘的外圆上有均匀分布的齿和槽，转子盘的周围的空气隙因而也大小相同均匀分布，这样在转子盘的周围就产生了疏密相间的磁力线。当转子盘转动时，这些疏密相间的磁力线和转子盘同步旋转。对于涡流环（内表面）上的任何一个固定点，穿过它的磁力线发生周期变化，所以在这一点周围就产生了电涡流，电涡流测功机电涡流形成原理图见图 18 – 1。

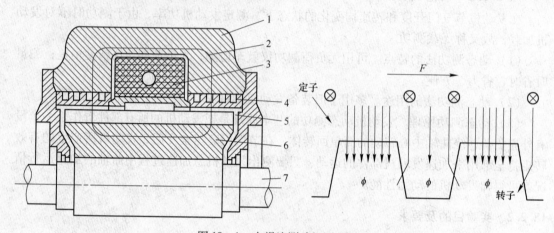

图 18 – 1　电涡流测功机原理图

1—磁轭；2—磁力线；3—励磁线圈；4—涡流环；5—空气隙；6—感应子；7—滚筒

18.2.4.2　电涡流在励磁磁场中受力，使转动体向转子转动方向偏转

转子转动时，涡流环上所对应的转子齿轮上的点产生电涡流，这些点在磁场力作用下受力方向与转子方向相同。所以涡流环上对应齿槽的点受力方向与转子转动方向相反，因为前者的力远远大于后者（磁力线密度不同），所以整个涡流环上所受合力与转子转动方向相同，使摆动体向转子方向偏转。

18.2.4.3　测功原理

当测功机转子以转速 $n(\mathrm{r/min})$ 转动，且给自励磁线圈加一定电流时，可摆动的定子外壳就产生一定的阻力矩 $T(\mathrm{N \cdot m})$，通过式（18 – 1）可得到发动机的输入功率：

$$P_\mathrm{e} = \frac{T_\mathrm{e} \cdot n}{9550}\tag{18 – 1}$$

18.2.5　实验方法与步骤

（1）了解发动机—测功器试验台的布置情况。

（2）检查内燃机紧固螺钉、联轴节螺钉及其他紧固螺钉是否松动。

（3）熟悉试验仪器设备的操作使用方法和各手柄，开关，按钮的功能。

（4）检查机油标尺确保机油箱中的机油高度处于合适位置。检查系统冷却水总阀门是否打开，测功器进水阀门是否打开。

确保油箱中燃油足够试验所用，并打开油箱上的手提式电动油泵的出油阀，同时检查油箱底部的排油阀是否关闭，之后打开列管式油冷却管的进水阀。打开发动机的进、出油阀门。

检查发动机的冷却水柱的放水阀门是否关闭，之后打开水柱的进水口阀门，再打开水柱补水阀门，观察水柱上的软管液位计，当水位达到液位计的三分之二以上高度时关闭补水阀，通过水柱的温控阀进行自动调节，此时务必使进水口阀门保持常开状态，试验结束后打开放水阀门，清空水柱中的残余冷却水（尤其在冬季时注意防止其内部结冰）。

启动发动机的电源启动装置，将其调节至柴油 24V 的工作状态。打开油耗仪的供电电源，确保油泵处于正常工作状态。

（5）运行发动机台架实验平台，对发动机进行预热，使发动机的工作状态达到要求。

（6）启动上位计算机，进入操作系统后，打开虚拟仪器测功软件上位机测控界面，开启数据采集箱的总电源，准备开始试验，软件的自动控制前面板部分如图 18-2 所示。

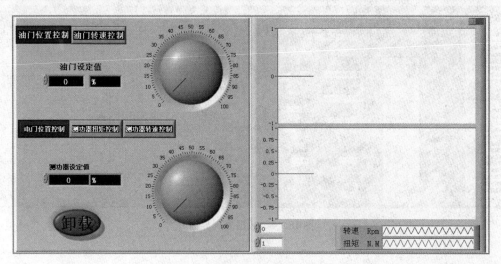

图 18-2　发动机测功实验主界面

（7）在试验数据测录齐全后，改变内燃机工况，进行下一次数据的测录。注意：在退出发动机测控界面之前，务必将记录的数据保存到计算机硬盘上（路径可自由选择），数据记录界面如图 18-3 所示。

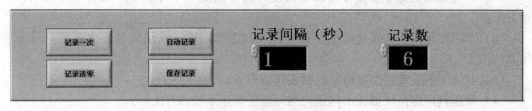

图 18-3　数据记录操作界面

（8）全部试验内容完成后，首先降低发动机转速，再逐渐减去测功器负荷，使内燃机在急速工况下运转一段时间后，按下"急停"按钮，使内燃机停止运转。

（9）关闭油耗仪开关，发动机冷却水柱开关，测功机冷却水开关，电源开关，清理试验现场。

18.2.6　实验要求

整理试验数据，编写试验报告。打开曲线绘制程序，进入数据处理界面，如图 18-4所示。首先调入试验结束时保存好的数据，然后删除无用的行或列的数据。选择绘制曲线时的横坐标量，再添加纵坐标量（可选两个，纵坐标轴可选择在左侧和在右侧），绘制曲线，生成打印图片，并保存。最后，可用打印设备打印出保存好的曲线图片。

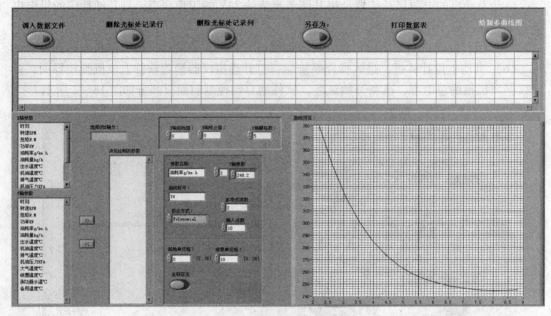

图 18 – 4　数据处理界面

18.3　发动机温度测量实验

18.3.1　实验目的

（1）学习发动机温度参数（冷却液温度、机油温度、排气温度）和表面温度场的测量方法；

（2）学习发动机测功系统温度参数（测功机进水温度、发动机进出水温度）等的测量方法；

（3）学习了解发动机温度测量的相关仪器设备；

（4）掌握利用虚拟仪器技术构建与编写温度测量系统的方法；

（5）测定发动机两种工况的相关温度参数和表面温度场。

18.3.2　实验类型

实验属于综合型。

18.3.3　实验环境及设备

（1）发动机台架实验平台；

（2）微型计算机、LabVIEW 软件；

（3）对于温度参数测量：热电偶和热电阻传感器及相应的信号调理电路模块；

（4）对于表面温度场测量：红外热像仪。

18.3.4 发动机温度测量原理

18.3.4.1 铂热电阻温度测量

发动机的水温、机油温度等是通过铂热电阻传感器测量，其调理电路如图 18 – 5 所示。

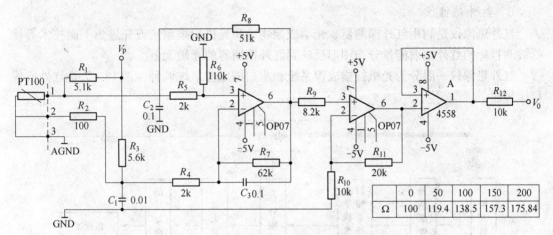

	0	50	100	150	200
Ω	100	119.4	138.5	157.3	175.84

图 18 – 5　发动机热电阻温度传感器调理电路

18.3.4.2 热电偶温度测量

发动机排气温度传感器为热电偶，其信号调理电路见图 18 –6。

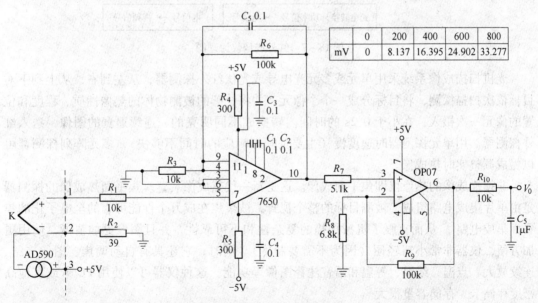

	0	200	400	600	800
mV	0	8.137	16.395	24.902	33.277

图 18 –6　热电偶信号调理电路图

18.3.4.3 热像分析仪

A　红外线

红外线辐射是自然界存在的一种最为广泛的电磁波辐射，它是基于任何物体在常规环境都会产生自身的分子和原子无规则的运动，并不停地辐射热红外能量，分子和原子的运动愈剧烈，辐射的能量愈大，反之辐射的能量愈小。

温度在绝对零度以上的物体，都会因自身的分子运动而辐射出红外线。

红外线波长在 0.75 ~ 1000μm，按波长范围可分为近红外（0.75 ~ 3μm）、中红外（3 ~ 6μm）、远红外（6 ~ 15μm）和极远红外（15 ~ 1000μm），在电磁波连续频谱中的位置处于无线电波和可见光之间的区域。

B　红外热像仪

红外热像仪是利用红外探测器、光学成像物镜和光机扫描系统或先进焦平面技术等接受被测目标的红外辐射能量分布图形反映到红外探测器的光敏元上。

红外热像仪一般分为光机扫描成像系统和非扫描成像系统两种。图 18 - 7 是红外成像仪原理图。

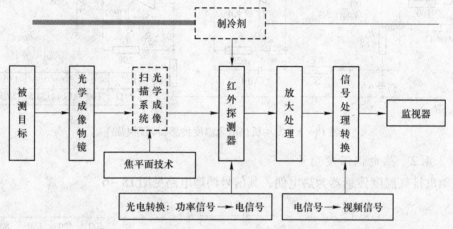

图 18 - 7　红外成像仪原理图

光机扫描成像系统采用单元或多元光电导或光伏红外探测器，从左到右，从上到下对目标依次扫描探测，将目标分成一个个像元，并将分解的被测物体的热像性质、程度和位置的像元一次摄入，在小于 0.2s 的时间内转换成不同明亮的、连续逼真的图像，送入红外探测器。用单元探测器时速度慢（主要是帧幅响应的时间不够快），多元阵列探测器可以做成调整实时热成像。

非扫描成像的热像仪即焦平面成像。这是新一代热成像装置。焦平面热成像的探测器是由单片集成电路组成，被测目标的整个视野，被聚焦在成万个性能可靠的全电子化的焦平面集成电路。从而克服了机械扫描的复杂性和不可靠性，并且图像更加清晰，使用更加方便，仪器非常小巧轻便（因为不需要制冷）。同时，它还具有自动调焦、图像冻结、连续放大、点温、线温、等温和语音注释图像等功能。这种仪器可以使用 PC 卡或其他高密度存储卡，存储容量很大。

红外探测器是红外辐射能量转换器，承担光电转换任务，产生与目标变化相对应的信号电流，送入电子放大系统处理、放大。

信号处理与转换单元主要负责将目标与电信号转换为标准的视频信号或可记录信号。

显示记录单元负责将被测目标的信号显示出来，显示方式有黑白和彩色两种。需要说明的是色彩并不是目标的自动色彩。因为红外辐射是看不见的热线，所为色彩是热像图中同一信号电平的模拟，是采用了等密度分层的"伪色彩"处理。

18.3.5　实验方法和步骤

（1）运行发动机测功机实验平台，对发动机进行预热，使发动机的工作状态达到要求。

（2）打开热像仪，等待机器的初始化和数据加载的完成。

（3）调整测功机，使发动机在低速和低负荷工况运行，控制界面见图18-8。测量发动机的冷却液温度、机油温度和排气温度（测量界面如图18-9所示），并记录；使用热像仪测量发动机缸体排气管的红外热像图，并储存。

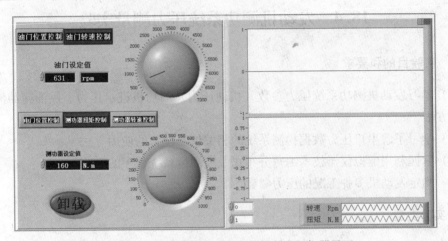

图18-8　发动机低速和低负荷控制虚拟仪器界面

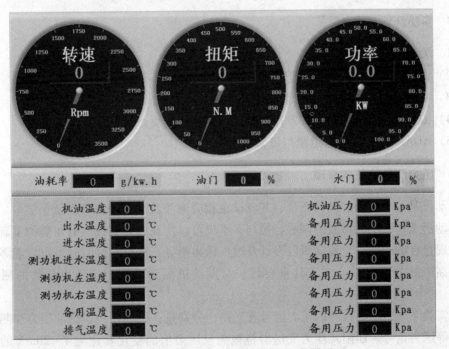

图18-9　冷却液、机油温度记录虚拟仪器界面

（4）在图 18 - 9 所示界面，调整测功机使发动机在中速和中负荷工况运行。测量发动机的冷却液温度、机油温度和排气温度，并记录；使用热成像仪测量发动机缸体和排气管的红外热像图，并储存。

（5）关闭发动机。

18.3.6　实验要求

（1）回放所测温度数据，参照图 18 - 9 做出结果曲线。

（2）回放存储的红外热像图，分析实验结果。

18.4　发动机测功系统压力测量实验

18.4.1　实验目的和要求

（1）学习发动机测功系统压力参数（机油压力、测功机进水压力、燃油箱油液压力）的测量方法。

（2）学习了解串口压力数据检测系统的相关仪器设备的使用方法。

（3）掌握利用虚拟仪器技术编写分布式温度测量系统程序的方法。

（4）测定发动机多种工况的压力参数。

18.4.2 实验类型

设计型。

18.4.3　实验环境与设备

（1）发动机台架实验平台。

（2）微型计算机、LabVIEW 软件。

（3）扩散硅式应变压力传感器 3 只。

（4）ADAM - 4510、RS - 232/RS - 485 信号转换模块。

（5）ADAM - 4017 八通道模拟量采集模块。

18.4.4　压力测量的基本原理

发动机是一个复杂的机械系统，其测试也相应地涉及诸多的物理量及化学量。对这些表征发动机工作状况的参数的测量与控制，不仅可以使我们对其性能有正确的了解，而且可以发现存在的问题。对发动机的设计及改良做出指导，甚至有些时候可以发现零部件故障，提高产品的可靠性。鉴于其重要性，对发动机测功系统相关压力参数的测量进行说明。

本实验系统中需要检测的压力信号有三路，分别是：机油压力、燃油压力和测功机进水压力等压力信号。压阻式压力变送器将被测量压力值的变化转化为 4 ~ 20mA 的电流信号，再由 RS - 485 串口采集模块传输给上位机进行数据的分析与处理。

机油主要用于发动机零部件的润滑，监测其压力大小，可以有效地掌握发动机运行状况。机油压力过低其结果可能导致活塞、曲轴等发动机零部件的损伤，究其原因可能是发动机机油存储量过少，造成润滑系统无油或少油；机油脏或黏稠导致机油泵不能将机油有效吸入、泵出；机油稀或因发动机温度高造成机油变稀，会从发动机的各摩擦副间隙中泄漏，造成机油压力过低等。结合冷却水温度等其他监测的量，加上设置机油压力报警下限，可有效进行判断，诊断故障的原因。燃油压力的测量用于显示油箱中的剩余燃油的量，以便及时补充燃油。进入测功机的冷却水用于带走涡电流使涡流环产生的热量，实现功热平衡的能量交换。因此，冷却水是电涡流测功机能否正常工作的关键。测功机的冷却水水压必须保持在 0.04 ~ 0.1MPa 之间。

18.4.4.1 压力测量传感器

发动机测功实验台共安装有 3 只压力测量传感器，分别测量发动机润滑系统主油道压力、进水压力和燃油箱油压。传感器型号均为 LD183，量程分别为 0 ~ 1MPa、0 ~ 250kPa 和 0 ~ 20kPa，供电电压为 24V DC，电流输出型，输出电流为 4 ~ 20mA。

18.4.4.2 ADAM – 4017 串口总线数据采集模块

A 概述

ADAM – 4017 是 16 位 A/D、8 通道的模拟量输入模块，可以采集电压、电流等模拟量输入信号。所有的模拟通道都提供了可编程的输入范围，在工业测量和监控的方面的应用表现出很高的性价比。该模块的模拟量输入通道之间以及通道与模块之间设置了 3000V 的电压隔离，能有效地防止模块在高压冲击时的损坏。

ADAM – 4017 支持 6 路差分，2 路单端信号，输入范围分别为 ±150mV、±500mV、±1V、±10V 以及 ±20mA。当用于测量电流信号时，需在该通道的输入端口并联 125Ω 的精密电阻完成信号的转换。该模块以工程单位的方式向上位机传送数据（V、mV 与 mA）。

B ADAM – 4017 的硬件连线

ADAM – 4017 与上位机之间的通信按 RS – 485 协议进行，数据线 DATA + 和 DATA – 通过 485 总线连接到 ADAM – 4510 总线转换器上，将 485 总线信号为 232 串行信号输入到上位机的串口中，其控制接线图如图 18 – 10 所示。电流输入接线图如图 18 – 11 所示。

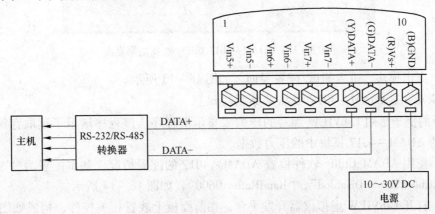

图 18 – 10 ADAM – 4017 模块控制接线图

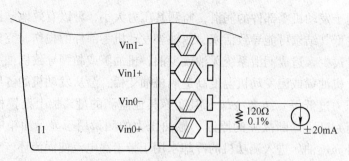

图 18 – 11   ADAM – 4017 电流输入接线图

18. 4. 4. 3   ADAM – 4000 Utility 的使用与设置

把 ADAM – 4000 随机附带光盘放入计算机光驱中，或在该软件的存储位置点击 ADAM
_ Utility. exe 运行该软件，系统即进入软件安装过程，完成安装后，就可使用该软件。该
软件的使用过程如下：

（1）选中 COM8，点击工具栏快捷键 search 弹出 "Search Installed Modules" 窗口，按
提示输入进行查找扫描，可查找到 ADAM – 4017 模块，如图 18 – 12 所示；

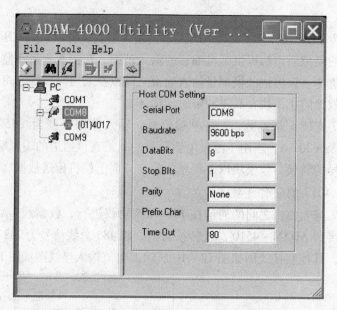

图 18 – 12   ADAM – 4017 Utility 查找结果界面

（2）点击模块，进入测试/配置界面，如图 18 – 13 所示。

18. 4. 4. 4   ADAM – 4017 数据采集模块编程

下面的例子是用 LabVIEW 编写的压力采集示例程序。该程序演示了读取存储在地址
为 01H 的 ADAM – 4017 模块中的压力数据。

（1）使用 ADAM Utility 软件检查 ADAM – 4017 的配置情况，基本配置为 "Adrress =
01H"，"CheckSum = Disabled"，"BaudRate = 9600"，如图 18 – 14 所示。

（2）打开 LabVIEW 虚拟仪器开发平台，在前面板上放置相关控件，构成如图 18 – 14
所示前面板。

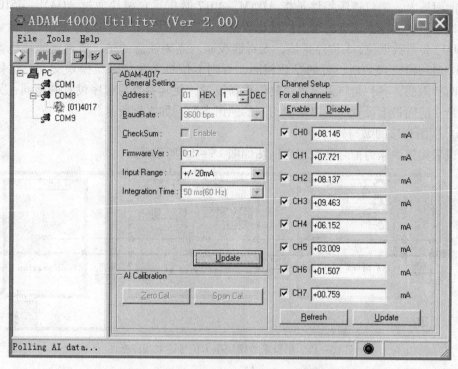

图 18 – 13　ADAM – 4017 测试/配置界面

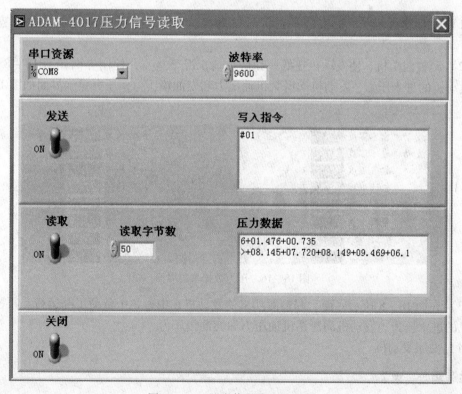

图 18 – 14　压力信号读取前面板

在前面板上，串口资源控件是指 ADAM - 4017 数据采集模块通过 ADAM - 4510 所连接的串口通道，波特率选定的是上位机与数据采集模块的通讯速率。在本例中，默认波特率为 9600，8 位数据位，1 位停止位，无奇偶校验。需要注意的是，所选定的通讯参数必须与 ADAM - 4017 模块所设置的参数相同，否则上位机无法与采集模块交互。这种情况下，有两种方法，一种是将采集模块复位重新设置，使其参数与程序设置的相同；另一种方法就是在前面板上设置与采集模块相同的通讯参数，如本例所示。

（3）框图程序的编写。

串口采集模块压力信号读取程序框图如图 18 - 15 所示。

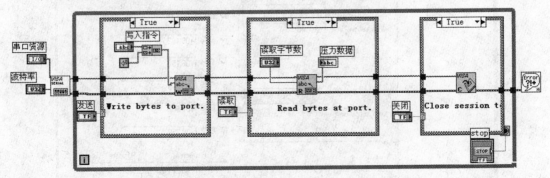

图 18 - 15　串口采集模块压力信号读取程序框图

18.4.5　实验方法与步骤

（1）运行发动机测功机实验平台，对发动机进行预热，使发动机的工作状态达到要求。

（2）调整测功机，使发动机在低速和低负荷工况下运行，控制界面如图 18 - 8 所示。测量发动机的进水压力、发动机润滑系机油压力和燃油箱压力，压力显示界面如图 18 - 16 所示。

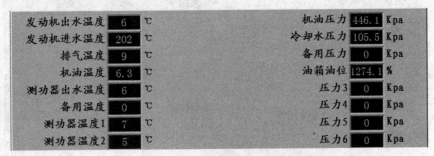

图 18 - 16　压力数据采集界面

（3）在图 18 - 8 所示界面，调整测功机使发动机在中速和中负荷工况运行。再次测量发动机的进水压力、发动机润滑系机油压力和燃油箱压力。

（4）关闭发动机。

18.4.6　实验要求

整理试验数据，编写试验报告。打开曲线绘制程序，进入数据处理界面。首先调入试验结束时保存好的数据，然后删除无用的行或列的数据。选择绘制曲线时的横坐标量，再添加纵坐标量（可选两个，纵坐标轴可选择在左侧和在右侧），绘制曲线，生成打印图片并保存。最后用打印设备打印出保存好的曲线图片。

思 考 题

18-1 发动机测功实验通常采用两种方法，一种是恒功率测量，另一种是恒转速测量，请简要说明这两种测试方法各有什么特点，适用于什么情况应用？

18-2 发动机温度测量所用到的传感器有热电偶温度传感器和热电阻温度传感器两种，请说明这两种传感器在发送机温度测试中的应用情况及特点。

18-3 串口压力测试系统可以构成分布式测试系统，压力测量实验使用的是 RS-485 串行数据采集系统，实际应用中还有 RS-422、CAN 局域网等多种总线测试系统，试分析 CAN 测试系统与串口测试系统的特点。

参 考 文 献

［1］王建新，等．LabWindows/CVI 虚拟仪器测试技术及工程应用［M］．北京：化学工业出版社，2011.

［2］雷振山，等．LabVIEW 高级编程与虚拟仪器工程应用［M］．北京：中国铁道出版社，2012.

［3］田泽，编．嵌入式系统开发与应用实验教程[M]．3 版．北京：北京航空航天大学出版社，2011.

［4］赵会兵．虚拟仪器技术规范与系统集成［M］．北京：清华大学出版社，北京交通大学出版社，2003.

［5］董景新，等．机电系统集成技术［M］．北京：机械工业出版社，2009.

［6］封士彩．测试技术实验教程［M］．北京：北京大学出版社，2008.

［7］尚锐，等．机械工程专业技术基础实验教程［M］．沈阳：东北大学出版社，2010.